★ 『农家书屋』特别推荐书系

》综合类

农产品保鲜与加工技术

黄中培/主编
申双贵/副主编
吴青云 单再成 张涛/参编

U0340118

湖南科学技术出版社

图书在版编目(CIP)数据

农产品保鲜与加工技术/黄中培主编.—长沙:湖南科学技术出版社,2000.5

ISBN 978 - 7 - 5357 - 5574 - 2

Ⅰ.农… Ⅱ.黄… Ⅲ.①农产品 - 食品保鲜②农产品加工 Ⅳ.S37

中国版本图书馆 CIP 数据核字(2009)第 061631 号

农产品保鲜与加工技术

主　　编:黄中培
责任编辑:彭少富
出版发行:湖南科学技术出版社
社　　址:长沙市湘雅路 276 号
　　　　　http://www.hnstp.com
印　　刷:唐山新苑印务有限公司
　　　　　(印装质量问题请直接与本厂联系)
厂　　址:河北省玉田县亮甲店镇杨五侯庄村东 102 国道北侧
邮　　编:064101
出版日期:2017 年 10 月第 1 版第 2 次
开　　本:787mm×1092mm　1/32
印　　张:5
字　　数:104000
书　　号:ISBN 978 - 7 - 5357 - 5574 - 2
定　　价:20.00 元

目　　录

第一章　果蔬保鲜与加工

一、果蔬保鲜常用方法

果蔬保鲜常用方法有冷藏、气调贮藏、保鲜剂处理、辐射保藏等。冷藏是上述方法中最基本的保鲜方法,其他方法常常作为冷藏保鲜的辅助手段。

(一)冷藏

广义地说,所有降低贮藏温度的贮藏方法都可称为冷藏,如窖窖贮藏、通风库贮藏、机械冷藏等。在我国南方地区,机械冷藏是最常采用的冷藏方法。

机械冷藏通常需要建冷库,通过安装在冷库库房内的机械制冷设备,调节和控制果品贮藏的温度和湿度,以降低果蔬呼吸强度,延缓果蔬衰老,达到长时间贮藏保鲜的目的。

机械冷藏的关键是准确控制果蔬贮藏的温度与湿度。冷藏温度高低依果蔬品种不同而异,如温州蜜柑等宽皮橘为3℃~4℃,椪柑为7℃~9℃,桃、李为0℃~1℃,甜椒为7℃~8℃。如果冷藏温度低于上述温度,果蔬就很容易发生冷害而失去商品价值,因此,果蔬冷藏不是温度越低越好。

冷库内的湿度对果蔬贮藏保鲜也至关重要。湿度过高容易发生霉变而造成腐烂,湿度太低又容易因失水而皱缩,降低果蔬商品价值。适宜的贮藏相对湿度因果蔬品种不同而异,如温州蜜柑在5℃贮存时最适宜的相对湿度为85%。

(二)气调贮藏

气调贮藏也称"CA"贮藏,是指通过自然或人工方法降低空气中氧含量,增加二氧化碳含量,保持相对较高的氮含量,以显著抑制果蔬呼吸作用,延缓衰老过程的发生,从而延长果蔬贮藏期限的贮藏方法。

最简单的气调贮藏方法是利用薄膜袋包裹果蔬,通过果蔬的呼吸作用降低袋内的氧含量,保持一定的二氧化碳含量水平,达到延长果蔬贮藏期的目的。塑料袋包装方法虽简便易行,成本低廉,但贮藏效果不太理想。

采用硅窗气体调节帐(即较厚的塑料薄膜帐上嵌入一定面积的硅橡胶窗)可以更好地控制帐内各气体成分的比例,利用这种气体调节帐可以获得比较好的贮藏效果。

目前,气调贮藏最佳办法是气调库贮藏。在气密性非常好的机械冷藏库内,根据贮藏果蔬的要求通过人工方法精确调节贮藏气体条件,达到最大限度地延长果蔬贮藏期的目的。

(三)保鲜剂处理

果蔬保鲜剂种类繁多,通常使用的主要有乙烯吸收剂、防腐剂、涂被剂与生理活性调节剂。

1.乙烯吸收剂

乙烯对果蔬有强烈的催熟作用。果蔬贮藏环境中,如果乙烯浓度在空气中达到万分之一,就可诱发果蔬的成熟,导致果蔬衰老。如果果蔬采收后及时施用乙烯吸收剂,可明显抑制果蔬的呼吸作用,延缓果蔬成熟、衰老。

乙烯吸收常利用高锰酸钾，用浸透高锰酸钾溶液的珍珠岩、硅藻土吸收果蔬释放的乙烯，可明显延长果蔬贮藏期。

高锰酸钾可按下述方法制成乙烯吸收剂，即装入透气的小袋中，与待贮藏果蔬一起装入包装容器中，达到吸收乙烯的目的。

乙烯吸收剂制作方法：取高锰酸钾50克，磷酸50克，磷酸二氢钠50克，沸石650克，膨润土200克，混合均匀，加水少量，搅拌均匀，充分浸润，经干燥后粉碎成粒径2~3毫米的小颗粒或3毫米左右的柱状体，装入多个透气的小袋中备用。该乙烯吸收剂适用于各种果蔬，用量为0.6%~2%。

2. 防腐剂处理

果蔬贮藏过程中，常常由于外源或果蔬表皮附着的微生物侵染导致腐败变质。利用山梨酸对霉菌、酵母的抑制作用，苯甲酸对细菌的抑制作用，可有效防止果蔬在贮藏过程中的腐败变质。

通常市售防腐剂为山梨酸钾（钠）、苯甲酸钠。取山梨酸钾（钠）4克，苯甲酸钠2克，加水2000毫升，用柠檬酸调节pH值至3.5~4.0，采用浸渍或喷洒方法均匀附着在果蔬表面，风干后即可包装、装箱贮存。

3. 涂被剂处理

果实商品化处理过程中，通常采用蜡（蜂蜡、石蜡等）、天然树脂（如虫胶）、油脂、明胶、淀粉等造膜物质制成适当浓度的水剂或乳剂，采用浸渍、涂抹、喷涂等方法施于果实表面，风干后形成一层透明被膜，从而达到抑制果实呼吸作用，延长果实贮藏期的目的。现将几种常用的涂被剂分述如下：

(1)蜡膜涂被剂:将 100 克蜂蜡和 10 克蔗糖脂肪酸酯溶解在酒精中,再将 20 克酪蛋白钠溶解在水中,两者混合后定容至 1000 毫升,快速搅拌、乳化分散后即成。

(2)天然树脂膜涂被剂:将 50 克虫胶加入到 80 毫升酒精、80 毫升乙二醇的混合液中浸泡,使其溶解。加入 1500 毫升氢氧化钠溶液(含氢氧化钠 20 克),加热搅拌,使虫胶皂化。

(3)油脂膜涂被剂:将适量琼脂加入到 1000 毫升温水中,加热煮沸至溶解,加入酪蛋白钠 2 克,脂肪酸单甘酯 2.5 克,棉籽油 400 克,高速搅拌乳化即成。

(4)淀粉膜涂被剂:用少许冷水将 100 克淀粉调匀,倒入 10 千克沸水中调成稀糊,冷却后加入 50 克碳酸氢钠,充分搅拌均匀即成。

4. 生理活性调节剂处理

生理活性调节剂系指对植物生长具有生理活性的物质(植物激素)和能够调节或刺激植物生长的物质。常用生理活性调节剂为 2,4 - D,用该物质浸渍或浸涂在果实表面,可有效地抑制果实的呼吸作用,延长果实的贮藏期。

上述保鲜剂除乙烯吸附剂外,防腐剂与生理活性调节剂可在果实商品化处理过程中结合果实涂膜处理施用,以提高处理效率。

(四)辐射保藏

食品辐射保藏就是利用原子能的辐射能量对食品进行杀菌、杀虫、抑制发芽、延迟后熟等处理。果蔬辐照处理常用的辐射源为钴[60],果蔬辐射保藏所需照射剂量及处理效果的试验探索可委托原子能应用研究所或辐照中心进行。

二、果蔬加工常用方法

(一) 榨汁

用机械压榨方法提取果蔬汁液的工艺方法统称为榨汁。果蔬榨汁的最终产品为果蔬汁或果蔬浓缩汁。果蔬汁生产工艺方法大同小异。目前,果汁生产与消费量远高于蔬菜汁,现以果汁为例说明其生产工艺。

果汁依其生产工艺及成品感官性状不同可分为澄清果汁与混浊果汁,澄清果汁不含果肉,混浊果汁中含有微小的果肉碎片,有的还含有乳化了的橙皮油(如橙汁)。

1. 果汁生产工艺

果汁生产工艺流程如图1。澄清果汁与混浊果汁生产工艺的主要区别在于:澄清果汁需通过澄清以彻底分离果肉碎片,混浊果汁则需要通过均质使果肉等物质均匀分散在果汁中。

2. 主要工艺步骤

(1)取汁:榨汁用水果应含汁丰富,香味浓郁,糖酸含量高。原料水果在适宜成熟度采收后,及时送往果汁工厂,经洗涤、破碎后方可榨汁(见图1)。

通常水果破碎采用锤式或锯齿式破碎设备。经破碎,果肉粒径分布以2~4毫米为宜,过度破碎会造成榨汁时出汁困难。浆果通常采用辊轧式破碎设备破碎。水果榨汁常用设备有液压榨汁机、带式榨汁机、螺旋榨汁机等。为了提高出汁率并使榨汁过程中出汁顺畅,榨汁前经破碎的果料通常加酶

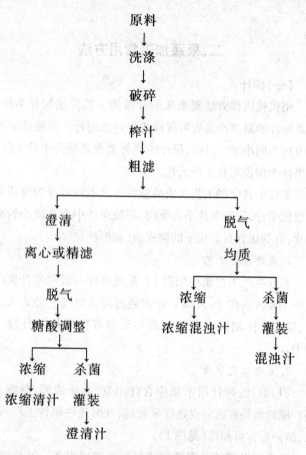

图1　果汁生产工艺流程图

处理。

柚、柑橘类果实由于种子及果皮内含有较多苦味物质,榨汁前最好去皮去核。目前,先进的柑橘榨汁机,可整果榨汁或切半榨汁,美国、意大利等国出产该类专业设备。

(2)澄清与精滤:澄清与精滤是澄清果汁加工必不可少的工艺步骤。澄清操作常通过添加果胶酶制剂或明胶、单宁等物质破坏果汁中果胶与蛋白质等构成的胶体复合体系,使之沉淀下来,再通过随后进行的离心或精滤操作将此沉淀物从果汁中彻底分离出去。

a. 酶法澄清:利用果胶酶制剂水解果汁中的果胶,使果汁中的胶体复合体系因失去果胶的保护作用而沉淀。目前,国外大型酶制剂生产商在国内设有代办处,澄清用果胶酶制剂可在代办处购得。通常果胶酶制剂的用量为果汁总量的0.05%,具体用法及用量可参照酶制剂用法说明执行。

b. 明胶、单宁澄清:利用单宁与明胶在溶液中携带的电荷中和果汁胶体体系中的相反电荷,形成不溶性鞣酸盐沉淀来澄清果汁。单宁与明胶的用量一般通过实验确定,如过量使用,明胶与单宁会形成新的胶体体系,从而达不到澄清的目的。明胶、单宁加入果汁中后,应于10℃～15℃下静置6～12小时,令其彻底沉淀。

c. 精滤或离心:经澄清的果汁可用板框压滤机等过滤设备分离沉淀物。过滤操作过程中,通常在果汁中添加硅藻土作为助滤剂。

分离果汁中的沉淀物也可使用碟式离心机,该设备可连续生产,适于大规模处理果汁产品。

(3)脱气与均质:果汁生产过程中,不可避免会从原料及加工过程中带入氧气,氧气的存在对成品果汁质量是十分有害的,不但会造成果汁变色、变味,果汁口感不再鲜美,还会因维生素 C 等物质的氧化大大降低果汁的营养价值。此外,采用金属包装容器时,果汁中溶解的氧还会促进容器腐蚀过程。因此,生产果汁均需除氧脱气。

除氧脱气操作通常在真空脱气设备内进行,果汁在0.091~0.095兆帕真空度下以薄膜或液滴形式暴露在真空中,达到除氧脱气的目的。

均质是生产混浊果汁所必需的工艺操作。果汁在13~20兆帕压力下均质,使果肉碎片与精油颗粒破碎并均匀分布在果汁中,使混浊果汁获得良好的贮藏稳定性和细腻的口感。

(4)浓缩:果汁浓缩可减小果汁体积与重量,降低贮运成本。通过浓缩一般可将浓缩汁体积减缩至原果汁体积的1/6~1/3。目前果汁浓缩普遍采用低温真空浓缩,其中又以真空薄膜浓缩最为常见。该浓缩方法所使用的浓缩设备有降(升)膜式薄膜蒸发浓缩设备、离心式真空薄膜浓缩设备等。果汁真空浓缩时,常使用香精回收系统回收挥发性芳香物质,所回收的天然香精在浓缩果汁重新稀释成果汁时再加入其中,以保证其良好的风味。

果汁浓缩还可以采用冷冻浓缩和反渗透浓缩等方法。

果汁浓缩常会因为果胶存在而发生困难,因此,利用果胶含量较高的果汁(如柑橘汁)生产高倍浓缩果汁时,常需在浓缩前加入果胶酶分解果胶,才能保证浓缩过程顺利进行。

(5)果汁的调整:一般说来,如果榨汁用果实糖、酸度及风味较佳,适合消费者口味,所得果汁可直接杀菌灌装,投放市场。如果其糖度或酸度不适合消费者口味,风味平淡,或者用果汁生产原汁含量较低的果汁饮料产品时,都要进行糖、酸度与风味调整。

果汁调整主要依据目标消费群体的口味要求，一般地区间与不同消费群体（如儿童、成人等）会存在一定的差异。果汁糖度调整一般使用蔗糖，酸度调整一般使用柠檬酸或苹果酸。香味平淡时，可使用该类果实的天然香精予以补充。

（6）果汁的杀菌、包装与贮藏：天然果汁 pH 值一般在 4.0 以下，巴氏杀菌即足以达到商业无菌要求。果汁杀菌、包装一般采用以下几种形式：

a. 用板式热交换器将果汁加热到 95℃，保温杀菌 15 秒钟，快速冷却到 37℃以下，灌入无菌包装容器内，封口。

b. 将果汁加热到 90℃左右，灌入洁净的包装容器内，封口，自然冷却至室温后贴标签，装箱。

c. 将果汁灌入洁净包装内，在真空条件下密封后放入巴氏杀菌槽内或通过隧道式巴氏杀菌设备，加热到中心温度 82℃后保温数分钟，然后急冷至室温。使用玻璃瓶包装时，注意分段加热与分段冷却，以避免在杀菌过程中玻璃瓶因温度变化过快而破裂。

采用上述三种方法杀菌包装的果汁饮料产品，均可获得较长的保质期。

浓缩果汁一般必须在 −18℃ ～ −23℃下冷冻贮藏。如果糖度很高（如 65 白利糖度），采用无菌灌装方法包装，也可低温冷藏，但存在表面霉变、颜色加深、维生素 C 损失、风味变劣等可能。

（二）干制

果蔬经预处理后，干燥脱水所得的产品即为果蔬干制品。果蔬干制后体积缩小，重量减轻，不但便于运输，而且由于干制品极低的水分活度(水分活度低于 0.62),可抑制微生物生长,从而使干制品可长期保存。

1.果蔬干制品生产工艺

原料→整理分级→洗涤→去皮、核→切分→灭酶→干制→包装→成品。

2.主要工艺步骤

(1)灭酶:果蔬组织中都含有多种氧化水解酶类,这些酶会在切分工序,特别是干制过程中作用于果蔬组织及其所含营养物质,从而导致干制品色、香、味变劣,营养成分损失。因此,果蔬干制前一般都应进行灭酶处理。灭酶处理方法主要有两种,即热烫与亚硫酸盐处理。

a.热烫:将果蔬原料放入热烫槽中,用 95℃~100℃的热水浸没热烫数分钟,或用 100℃的饱和水蒸气处理数分钟。热烫完毕后,立即用 5℃~10℃的冷水迅速冷却。为防止变色,冷却水中可加入少量柠檬酸或亚硫酸钠。热烫时也可酌情在水中加入一定量的钙盐,以调整物料的硬度。

b.亚硫酸盐处理:用 0.2%~0.6% 的亚硫酸盐或酸性亚硫酸盐溶液浸泡或喷洒果蔬物料,溶液中加入适量柠檬酸,利用其在溶液中形成的亚硫酸抑制酶的活性。亚硫酸盐还可防止果蔬非酶褐变的发生。在密闭条件下燃烧待干果蔬重量 0.1%~0.4%的硫磺,也可起到同样效果。

(2)干制:干制方法有自然干燥与人工干燥两大类。自然干燥法是指利用日光、风力等的干燥过程。该法设备简单,成本低廉,但受自然条件限制,产品质量不易控制。人工干燥可采用烘房、隧道式、带式、转筒式干燥设备等。采用低温冷冻干燥可生产高质量果蔬干制品,但其成本昂贵,一般只宜生产高附加值的产品。采用烘房干制果蔬时,烘房设计一定要考虑足够的排湿能力。

(3)包装、贮藏:果蔬干制到一定的水分含量后(因果蔬原料不同而异,干制蔬菜一般为 14% ～20%,干制水果在18% ～25%左右),经冷却即可包装。果蔬干制品一般可采用塑料袋包装,贮藏时应尽量低温低湿,贮藏库空气相对湿度一般要求在75%以下。

(三) 速冻

速冻果蔬是指原料经预处理后,利用快速冻结工艺制得的果蔬制品。速冻果蔬低温贮藏可有效抑制微生物与酶的活动,保持果蔬色、香、味及营养接近新鲜状态。

1. 速冻果蔬生产工艺

原料→整理→清洗→切分→漂烫→称量包装→速冻→冻藏→成品。

2. 主要工艺步骤

(1)原料预处理:原料经整理后可进行清洗,清洗时应一次性达到卫生标准,不经切分的果蔬个头不宜太大,果蔬切分时条块也应尽量小,否则达不到预期的速冻效果。

(2)漂烫:漂烫是为了破坏果蔬中的氧化、水解酶类的活性,避免速冻果蔬在冻藏过程中色、香、味变劣,营养物质分解损失。漂烫一般在 95℃ ～100℃的沸水中进行,根据果蔬品种及块形大小不同选择合适的漂烫时间,一般为数分钟。漂烫是否达到了预期要求,可用果蔬中的过氧化物酶活性是否还存在来检验,如果经漂烫果蔬中的过氧化物酶被完全破坏,表明漂烫达到了预期的要求。

注意并非所有的蔬菜都要进行漂烫,如黄瓜、番茄、韭菜等就不应漂烫处理,否则质量会下降。

经漂烫的果蔬应立即冷却到0℃,这是保证产品色泽和质量的主要措施。冷却方法有冷水浸泡、喷淋、冷风冷却等。但蚕豆切忌急剧降温,否则会因收缩导致外皮破裂,应采用分段冷却。

(3)速冻与冻藏:冻结速度越快,温度越低,质量越好,但成本也越高。常用冻结装置有冷风速冻室、螺旋式连续冻结装置、接触式冻结装置、液氮冻结装置和流化冻结装置等。其中,流化冻结装置对粒径分布均匀的颗粒类物料最为合适(如青豆、胡萝卜丁等),是快速单体冻结(IQF)方式的主要设备。采用快速单体冻结的产品应先冻结,后包装。

速冻果蔬制品一般在-18℃下冻藏。

(四)盐渍

果蔬盐渍是一种古老的加工保藏方法,一直沿用至今。果蔬盐渍是利用食盐在水溶液中形成的高渗透压抑制果蔬中部分(主要为腐败菌)或全部微生物的生长繁殖,从而使果蔬保藏性显著提高。同时,由于有益微生物的生长繁殖与代谢活动,使果蔬获得一种特殊的良好风味。

一般来说,适于盐渍加工的水果较少,盐橄榄是一种盐渍水果制品,桃、李等果实有时也通过盐渍加工成盐坯,作为蜜饯加工用原料,生产蜜饯时再进行脱盐处理。通常根茎类蔬菜如萝卜、大头菜、榨菜等十分适合盐渍加工。

盐渍加工制品根据乳酸发酵与否可分为两类,即乳酸发酵型盐渍产品与非乳酸发酵型盐渍产品。

（1）乳酸发酵型盐渍产品：通常采用5%～10%的食盐进行腌制发酵。这种加工方法所选择的食盐浓度可有效抑制腐败菌的繁殖，有益的酵母菌和乳酸菌仍能进行繁殖与代谢，在其所产生的酶和代谢产物乳酸的共同作用下，盐渍品形成特殊的风味，同时也获得良好的保藏性。

在加工这类盐渍品时，通常除食盐浓度外，还应造成一个相对缺氧的环境，以利于乳酸发酵的进行。该类盐渍产品有泡菜、酸菜等。

（2）非发酵型盐渍产品：当腌制食盐浓度在10%以上时，乳酸菌等有益微生物的生长繁殖也被抑制，这类产品即使不经包装、杀菌，也可获得较长的保质期，但其风味却难以酿成。若单纯以贮藏为目的，通常采用20%左右食盐浓度盐渍。此类盐渍产品有咸菜、酱菜等。

（五）糖渍

与盐渍类似，糖渍产品是利用其极高的含糖量所形成的高渗透压抑制所有微生物的生长繁殖，从而使制品获得较长的保质期。糖渍产品即通常所说的蜜饯类产品，其蔗糖含量一般为50%～65%，现介绍其一般制法。

1. 蜜饯生产工艺流程

原料→预处理→预煮→糖渍→烘干→包装→成品。

2. 主要工艺步骤

（1）原料及预处理：一般来说，肉质紧密的果蔬均可作为生产蜜饯的原料，因此，水果果实宜在成熟度不高的坚果期采收。原料预处理包括清洗、整理、切分、表面切缝或刺孔、组织硬化、硫化处理、盐渍、染色等。并非所有的蜜饯制品都需经上述预处理,根据原料与成品的要求不同,可采用其中的一些预处理。

果形大、外皮粗的果实,应先去皮、除核、适当切分。枣、李、梅或金橘、红橘等以食皮为主者,则常在果实表面切缝或刺孔,以利于糖渍时糖分渗入,缩短糖渍时间。

对于肉质柔软(如草莓)和有松脆要求的制品(如青梅等),则需硬化处理。硬化处理是将原料放在石灰、明矾、氯化钙、亚硫酸氢钙或亚硫酸氢钠等稀溶液中浸渍适当时间,使组织坚硬耐煮,其中明矾还有染媒作用。糖制前,经硬化的原料应予漂洗,以除去表面剩余的硬化剂。

如要制成色泽明亮的制品,糖制前要进行硫化处理,以抑制褐变。硫化处理常以含 0.1% ~0.2% 二氧化硫的亚硫酸溶液浸泡原料数小时。硫化处理后应充分漂洗,以除去残留的亚硫酸溶液。

需上色的蜜饯,可使用允许使用的食用色素染色,染色可在糖渍前,也可以将色素加入糖液中,在糖渍的同时染色。有些蜜饯和凉果需预先腌制盐坯,一般可用 10% 以上的盐水腌渍,或用相当于原料重量 10% 以上的食盐干腌,至果肉半透明为度。

(2)预煮:不论新鲜的还是经盐渍或硫化处理的原料,都需要预煮,以抑制微生物的活动,防止腐败,同时破坏酶的活性以防变色。盐坯或经硫化处理过的果实,预煮有助于脱盐与脱硫。

(3)糖制:糖制有两种方法,即蜜制和加糖煮制。

　　a.蜜制：即不加热，分次加糖腌制，糖液浓度逐渐由低到高。本法适用于肉质柔软、不耐煮制的制品，如蜜枇杷、蜜杨梅等。凉果类也不加热煮制，一般先用食盐及辅料腌渍，蜜制前用冷水浸泡和漂洗，进行脱盐，然后加辅料蜜制、日晒。蜜制时可分次加糖，逐步提高糖液浓度。

　　b.加糖煮制：将果实放入浓糖浆内在加热状态下熬煮渗糖。本法适合于肉质紧密、形态要求不高的果品。加糖煮制通常采用真空低温，真空度为 67 ~ 85 千帕，蒸发温度为55℃~70℃。

　　加糖煮制采用一次煮成法或多次煮成法。多次煮成法一般分 2 ~ 5 次进行，第一次煮制糖液浓度仅为30%，煮到果肉转软为度，放冷 24 小时，如此逐步提高糖液浓度，最终达到70%为止。

　　(4)烘干、包装：煮后的果肉沥尽多余糖浆，放入浅盘中在50℃~60℃下烘干。若制糖衣蜜饯，则用过饱和糖液将干燥后的蜜饯浸泡 1 分钟后取出，再在45℃~50℃下干燥，形成一层透明的糖膜。蜜饯烘干后稍稍冷却，即可用塑料袋或塑料盒包装。

(六)罐藏

　　罐藏产品即通常所说的罐头，系指用密封容器(金属罐或玻璃瓶)包装并经杀菌冷却制得的产品。

　　一般大多数果蔬都适于制成罐头，由于水果的 pH 值一般较低(pH 值4.2 以下)，故水果罐头常用100℃沸水或热水巴氏杀菌，而蔬菜 pH 值通常接近中性，杀菌时常选高压灭菌。

　　1.果蔬罐头生产工艺

　　原料→清洗整理→切分，去皮、核→预煮→装罐→注汤→

封罐→杀菌→冷却→成品。

2.主要工艺步骤

(1)切分,去皮、核:水果通常需去皮,去皮可用手工,也可用3%~5%的氢氧化钠热溶液。经去皮、核的原料应及时投入1.5%~2%的盐水或0.02%异抗坏血酸或其钠盐溶液中,防止氧化变色。蔬菜可按照要求予以切分。

(2)预煮:一般在装罐前果蔬原料需要预煮。预煮的主要目的是钝化氧化酶,排除组织内的空气,软化果蔬组织以便于装罐。预煮通常采用90℃数分钟。

(3)装罐注汤:按成品质量要求先将所需规格数量经预煮的果蔬原料装入罐内,从预煮到装罐时间应可能短。然后注入汤汁,水果罐头一般加注糖水,蔬菜罐头一般加注盐水,盐水浓度一般为2.0%~2.5%。糖水浓度因原料果不同而异。

(4)封罐、杀菌、冷却:真空封罐后,水果罐头一般在100℃沸水杀菌15~30分钟,蔬菜罐头通常采用121℃下高温灭菌。杀菌时间与杀菌温度、罐型大小及原料情况紧密相关,最好事先通过试验确定。经杀菌的果蔬罐头应尽快冷却到37℃左右,利用罐身余热蒸发罐外壁水分,以防锈罐。

三、柑橘保鲜与加工

(一)柑橘保鲜

适宜贮藏温度:甜橙4℃~5℃,温州蜜柑3℃~4℃。相对湿度90%~95%。

(二)柑橘加工

1. 柑橘汁饮料

（1）工艺流程：原料→选择→清洗→去皮油→冲洗→榨汁→过滤→调配→均质→脱气→灌装→封口→杀菌→冷却→成品。

（2）操作要点：

a. 原料、清洗：选皮薄、汁多、出汁率高的品种。剔除病虫果、霉变果后，用清水冲洗干净。有时用 0.1% 的盐酸溶液浸泡 5 分钟后，用清水冲洗，尽量减少果实农药残留量。

b. 去皮油：清洗后的果实进入针刺式除油机。果皮被刺刺破，果皮中的油从细胞中溢出，随喷淋水冲走。

c. 榨汁：用柑橘榨汁机进行整果榨汁。也可以采用手工去皮后，破碎压榨取汁。

d. 过滤：先用孔径 1.5～2 毫米的转动式筛滤机滤出粗渣及种子，然后用孔径为 0.3～1 毫米的离心过滤机精滤。柑橘出汁率一般为 40%～60%。

e. 调配：柑橘原汁含量一般为 100%、50%、30% 等。用白砂糖和柠檬酸将果汁饮料调配到合适的糖度和酸度。

f. 均质、脱气：果汁在 12 兆帕的压力下均质。在 0.09 兆帕的真空度下脱气。

g. 杀菌：在 95℃下杀菌 10～30 分钟，分段冷却至 37℃。

（3）主要质量指标：

a. 感官指标：呈橙黄色。具有鲜橘汁香味，甜酸适口，无异味。汁液均匀混浊。

b. 理化指标：可溶性固形物含量 15%～17%，总酸 0.8%～1.6%。

(4)主要设备:FMC柑橘榨汁机或破碎压榨机、针刺式除油机、高压均质机、离心过滤机、真空脱气设备、灌装封口设备、立式常压杀菌锅。

2.浓缩柑橘汁

(1)工艺流程:原料→选择→清洗→去皮油→冲洗→榨汁→过滤→杀菌→浓缩→灌装→封口→冷却→成品。

(2)操作要点:

a.原料至过滤同柑橘汁饮料。

b.杀菌:浓缩一般在低温下进行。为保证浓缩汁质量,应先进行杀菌。在90℃下杀菌15秒,然后冷却到40℃。

c.浓缩:低温真空浓缩。浓缩时可加糖,但原果汁含量不低于30%。浓缩温度45℃以下。浓缩终点固形物含量65%。目前国外一般采用不加糖浓缩工艺。经柑橘榨汁机榨出的原汁经酶处理,离心分离后得到汁液和果肉,汁液直接浓缩至标准成品。

d.灌装、冷却:浓缩终止后,将浓缩汁加热到85℃,趁热灌装封口后,冷却至37℃。成品最好贮藏在-18℃的冻藏库中。

(3)主要质量指标:

a.感官指标:黄或黄褐色。无苦涩味、煮熟味。均匀的混浊状,久置允许橘浆上浮或下沉。无糖、酸结晶析出,无杂质。

b.理化指标:可溶性固形物含量65%,总酸1.3%~1.5%,原汁含量≥30%。

c.微生物指标:细菌总数≤100个/毫升,大肠菌群≤3个/100毫升,霉菌、酵母≤20个/毫升。

(4)主要设备:针刺式除油机、FMC柑橘榨汁机、板式热交换器、真空薄膜浓缩设备等。

3. 柑橘酒

（1）工艺流程：原料→制汁→果汁预处理→主发酵→换缸→陈酿→调配→过滤→装瓶→压盖→杀菌→冷却→成品。

（2）操作要点：

a. 制汁：可采用整果榨汁工艺，也可采用破碎压榨工艺。

b. 果汁预处理：在柑橘汁中加入 0.1% ~ 0.3% 的酶制剂，20℃ ~ 40℃ 下处理 8 ~ 10 小时，即得到澄清透明汁液。调整果汁到酸度为 0.5% ~ 0.6%，糖度为 22%，且每 100 千克果汁加入 6% 的亚硫酸 110 克抑制杂菌。

c. 主发酵：加入 3% 左右酵母液在 20℃ ~ 25℃ 下发酵 1 ~ 2 个星期。

d. 换缸、陈酿：用虹吸管吸取上层清液，去掉沉淀物转缸后加盖密封。陈酿时间至少要 6 个月，以增加果酒风味。也可采用人工催陈，以缩短陈酿时间。

e. 调配、过滤：用食用酒精、蔗糖、柠檬酸将果酒调整到消费者口味要求。用板框压滤机过滤，使酒体更加清亮透明。

f. 装瓶、杀菌：果酒装瓶压盖后，在 75℃ 下杀菌 15 ~ 30 分钟，冷却至 37℃。

（3）主要质量指标：

a. 感官指标：酒体芳香透明。呈微黄色。无明显的悬浮物。

b. 理化指标：酒精浓度在 20℃ 下为 9% ~ 18%。总糖 5 ~ 25 克/100 毫升。总酸 0.3 ~ 0.7 克/100 毫升。

（4）主要设备：FMC 柑橘榨汁机、发酵罐、板框压滤机、灌装压盖设备、立式常压杀菌锅等。

4.糖水橘子罐头

（1）工艺流程：原料→热烫→去皮→酸碱处理→漂洗→去络去籽→冲洗→装罐→加糖水→排气→封口→杀菌→冷却→成品。

（2）操作要点：

a.原料：选含橘皮苷低且成熟的品种。尽量使用无核橘。

b.热烫：在95℃热水中浸泡50秒，及时用冷水冷却，橘皮容易剥下。

c.酸碱处理：先用0.1%盐酸于常温下处理已剥皮的原料20分钟，用水冲洗后，再在40℃～50℃用0.1%氢氧化钠处理5分钟，然后用水漂洗30分钟，最后用柠檬酸中和余碱，使pH值为3，否则有苦涩味。

d.去络、除籽：分瓣时去净橘络。凡有籽的橘瓣可用半月形手术剪剪破橘瓣，并挤出种子。

e.装罐：橘片装罐量为净重的40%以上。装罐料要求无碎瓣、无杂质。

f.加糖水、排气：加入糖水浓度以开罐糖度为14白利糖度为准。调整糖水pH值为3.5～4.3。加糖水时保证罐内中心温度为75℃，及时封口。

g.杀菌：在100℃下杀菌15～30分钟，冷却到37℃。

（3）主要质量指标：

a.感官指标：橙色或橙黄色。有原果香味，甜酸适口，无异味。质嫩，食之有脆感。糖水澄清。橘片饱满完整，大小厚薄均匀。

b. 理化指标：开罐时糖水浓度 14%～18%。

(4)主要设备：夹层锅、漂洗池、糖水灌注机、真空封灌机、立式杀菌锅等。

四、香柚保鲜与加工

(一)香柚保鲜

适宜贮藏温度 7℃～8℃，相对湿度 85%～90%。

1. 香柚汁饮料

(1)工艺流程：原料→去皮→去囊衣、去核→打浆→酶解→分离→胶体磨→调配→加热→均质→脱气→灌装→封口→杀菌→冷却→成品。

(2)操作要点：

a. 去皮、去核：可人工去皮或机械去皮，然后手工去囊衣、去核，得到柚肉。

b. 打浆：加入 1:1 水经打浆机打浆后，过滤，除去籽、粗纤维等。

c. 酶解、胶体磨：将柚浆加热至 85℃，保温 20 秒，冷却至 45℃。用柠檬酸调节 pH 值为 4～4.2，加入酶制剂处理 1.5 小时。经分离后，用胶体磨磨细，使柚肉的粒度小于 5 微米。

d. 调配：用白砂糖、柠檬酸将香柚汁调整到合适的糖度和酸度。加入 0.1%β—环糊精在 45℃下处理果汁 1.5 小时，进行脱苦处理。

e. 均质、脱气：均质前加热到 60℃～80℃。均质压力为 25～30 兆帕。然后在 0.08～0.09 兆帕的真空下脱气 20～40

分钟。

f.杀菌:在95℃下杀菌10~30分钟,冷却到37℃。

(3)主要质量指标:

a.感官指标:具有香柚特有的香气和滋味。混浊度均匀一致,允许有少量果肉沉淀。

b.理化指标:可溶性固形物含量≥8%,总酸≥0.12%。

(4)主要设备:打浆机、胶体磨、均质机、真空脱气设备、灌装封口设备、立式常压杀菌锅等。

2.香柚皮蜜饯

(1)工艺流程:香柚→选果→刨削外皮→切条→脱苦→漂洗→糖煮→干燥→包装→成品。

(2)操作要点:

a.刨削外皮、切条:用刨子将果皮的油胞充分擦破,然后切成6厘米×12厘米的长条。

b.脱苦:用5%的盐水煮沸柚皮条10分钟,再用流动水漂洗24小时,脱去皮中苦味物质。

c.糖煮:第一次煮时糖液浓度为30%,煮到果皮转软为度,放冷24小时。再加入浓度比原来高10%的糖液煮沸2~3分钟,再放冷24小时。如此逐次提高糖液浓度至70%,直到柚皮呈半透明状即可出锅。

d.干燥、包装:将出锅后的香柚皮均匀摊在烘盘中,75℃下干燥至水分含量≤20%。冷却后用塑料袋包装,真空封口。

(3)主要质量指标:

a.感官指标:金黄色,色泽一致,透明。食之柔嫩略韧,酸甜适口。不返砂,不流糖。

b. 理化指标:水分含量 17% ~20% ,总糖 65% ~70%。

c. 微生物指标:细菌总数≤750 个/克,大肠菌群≤30 个/100 克,霉菌≤50 个/克,无致病菌。

(4)主要设备:漂洗池、夹层锅、隧道式干燥设备、真空包装机等。

五、猕猴桃保鲜与加工

(一)猕猴桃保鲜

适宜贮藏温度 0℃ ~20℃ ,相对湿度 90% ~95%。

(二)猕猴桃加工

1. 猕猴桃汁饮料

(1)工艺流程:原料→清洗→破碎→压榨→调配→脱气→均质→加热→过滤→灌装→封口→杀菌→冷却→成品。

(2)操作要点:

a. 原料:挑选新鲜、充分成熟的果实为原料。

b. 破碎、压榨:将清洗干净的果实经破碎机破碎后,用螺旋榨汁机榨汁。若将果浆加热到 65℃,可降低果胶黏度,提高出汁率。

c. 调配:原果汁含量一般为 100%、50%、30% 等。用白砂糖、柠檬酸将果汁调整到合适的糖度和酸度。

d. 脱气、均质:将果汁导入真空脱气罐内,喷射成液滴状,使含于果汁中的气体逸出。然后在 18 兆帕的压力下均质,使果肉颗粒大小均匀。

e. 加热、过滤:将果汁加热至 90℃,使果汁中的蛋白质等胶粒凝固下来。然后用过滤棉过滤。

f. 灌装、封口:趁热灌装、封口。封口时果汁温度不低于75℃。

g. 杀菌、冷却:100℃下杀菌8~15分钟,冷却至37℃。

(3)主要质量指标:

a. 感官指标:黄绿色。酸甜适口,无异味。果汁混浊均匀,长期存放允许有轻度沉淀。

b. 理化指标:可溶性固形物含量10%~12%,总酸0.6%~1.2%,原果汁含量≥30%。

(4)主要设备:破碎机、螺旋榨汁机、真空脱气设备、均质机、板式热交换器、灌装封口设备、立式常压杀菌锅等。

2. 猕猴桃浓缩浆

(1)工艺流程:原料→清洗→打浆→加热→浓缩→灌装→封口→冷却。

(2)操作要点:

a. 打浆:用二道打浆机打浆,其筛孔直径为1毫米,0.5毫米。

b. 加热:用套管式热交换器将果浆加热到90℃,杀菌15秒,冷却到40℃。

c. 浓缩:用真空浓缩设备在45℃以下将猕猴桃浆浓缩至固形物含量30%以上。

d. 灌装、冷却:浓缩终止后将浓缩浆加热至85℃。趁热灌装,封口后自然冷却至37℃。

(3)主要质量指标:

a. 感官指标:具有猕猴桃特有的香味。无焦糊现象,无杂质。

b. 理化指标：可溶性固形物含量≥30%。

c. 微生物指标：细菌总数≤100个/毫升，大肠茵群≤3个/100毫升，酵母、霉菌≤20个/毫升。

（4）主要设备：打浆机、套管式热交换器、真空浓缩设备、灌装封口设备等。

六、奈李保鲜与加工

（一）奈李保鲜

适宜贮藏温度4℃~5℃，相对湿度85%~90%。

（二）奈李汁饮料

1. 工艺流程

原料→清洗→软化→打浆→加酶→榨汁→粗滤→精滤→调配→脱气→杀菌→无菌包装→成品。

2. 操作要点

（1）原料：由于大果鲜销价值高，一般选用单果重在62.5克以下的果作为加工原料。

（2）软化、打浆：用蒸汽软化奈李果5~10分钟，然后用打浆机打浆，得到较粗的奈李泥。筛孔直径为0.8毫米。

（3）加酶、榨汁：加入0.1%~0.3%的果胶酶制剂，在38℃下酶解3.5小时。然后用液压榨汁机压榨取汁。

（4）精滤：纱布粗滤后的果汁用板框压滤机精滤。同时加入1%~2%的硅藻土。

（5）调配：用白砂糖、柠檬酸将果汁调整到合适的糖度和酸度。

（6）杀菌、无菌包装：在95℃下杀菌15秒，冷却到25℃后，无菌包装。

3. 主要质量指标

（1）感官指标：接近原果汁色泽。具有柰李特有的滋味。澄清透明，无沉淀。

（2）理化指标：可溶性固形物含量11%～13%，总酸0.4%～0.6%，原果汁含量≥30%。

4. 主要设备

夹层锅、打浆机、液压榨汁机、板框压滤机、板式热交换器、无菌包装设备。

七、板栗保鲜与加工

（一）板栗保鲜

板栗贮藏前用溴甲烷（40～50克/立方米）熏3.5～10小时，或用二氧化硫（1.5克/立方米）熏20小时灭虫。用0.05%2,4-D加500倍托布津水溶液浸果3分钟作防腐处理。用1000毫克/升的萘乙酸浸果以抑制发芽。适宜贮藏温度为0℃～1℃，相对湿度为90%～95%，氧气为3%～5%，二氧化碳≤10%。一般采用箱、篓、麻袋包装。

（二）板栗加工

1. 低糖板栗脯

（1）工艺流程：原料→脱壳→预煮→漂洗→酶处理→糖煮→干燥→包装。

（2）操作要点：

a. 脱壳、预煮：板栗经八链道板栗脱壳机脱壳后，在加有0.1%的柠檬酸的95℃的热水中预煮25分钟。

b. 漂洗：60℃～70℃温水漂洗5～15分钟。挑拣不合格果。

c. 酶处理：加淀粉酶处理，注意pH值和温度。时间以果实变软为度。

d. 糖煮：用30%的糖液浸没果块，在0.09兆帕真空度下抽气10～30分钟。然后用45%糖液煮制，至果实糖度为40%。

e. 干燥、包装：沥干糖液后，用80℃～90℃热风干燥至水分含量为8%～12%。冷却后用塑料袋包装，真空封口。

（3）主要质量指标：

a. 感官指标：呈均匀棕黄色。无破碎果，不返砂，不流糖。

b. 理化指标：总糖40%～45%，水分8%～12%。

c. 微生物指标：细菌总数750≤个/克，大肠菌群≤30个/100克，霉菌≤50个/克，无致病菌。

（4）主要设备：八链道板栗脱壳机、夹层锅（带真空泵）、隧道式干燥设备、真空包装机等。

2. 软包装板栗罐头

（1）工艺流程：原料→护色→去中果皮→去种仁表皮→装袋→注汤→封口→灭菌→冷却→成品。

（2）操作要点：

a. 原料、剥壳：选无虫、无霉烂的原料。用去皮刀人工剥壳，果仁投入0.2%的盐水中。

b. 去中果皮、去种仁表皮:在沸水中烫 1 分钟,趁热捏去涩皮。然后用 5% ~10% 的氢氧化钠处理。

c. 装袋、注汤:将栗肉和 40% 的糖水(含 0.025% 维生素 C)装入耐高温复合塑料袋中,然后封口。

d. 灭菌:121℃下灭菌 10 ~30 分钟,反压冷却至 37℃。

(3)主要质量指标:

a. 感官指标:鲜黄色。表面光滑。糖水透明不混浊。无杂质。

b. 理化指标:开罐后糖水浓度为 15% ~20% 。

(4)主要设备:夹层锅、脉冲软罐头真空包装机、卧式杀菌锅等。

八、桃子保鲜与加工

(一)桃子保鲜

适宜贮藏温度 0.5℃ ~1℃,相对湿度 85% ~90% 。

(二)桃子加工

1. 桃脯

(1)工艺流程:原料→去皮→去核→糖煮→干燥→包装→成品。

(2)操作要点:

a. 原料:选用坚硬的白桃或黄桃为原料,成熟度以青转白或转黄为宜。

b. 去皮、去核:在 95℃下将桃子放入 2% ~4% 的氢氧化钠溶液中处理 1 分钟,取出在清水中搅动至表皮脱落,然后沿缝合线对开切半去核。沥干水分后,放入0.2%~0.3%的亚硫酸钠溶液中浸泡2~4小时。同时也可加入0.1%~0.2%的氯化钙。

c.糖煮:第一次煮时糖液浓度为30%,并放入0.25%的柠檬酸,煮到转软为度,放冷24小时。再加入浓度比原来高10%的糖液煮3分钟,再放冷24小时。如此逐渐提高糖液浓度达70%,直至桃块透明即可出锅。

d.干燥:沥干糖液后,在60℃~70℃下干燥至桃块水分含量为15%~20%。然后用塑料袋包装,真空封口。

(3)主要质量指标:

a.感官指标:呈乳黄色或橙黄色。透明、不黏手。不返砂,有弹性。软硬适度,无焦糊味。

b.理化指标:水分含量15%~20%,总糖(转化糖计)60%~70%。

c.微生物指标:细菌总数750≤个/克,大肠菌群≤30个/100克,霉菌≤50个/克,无致病菌。

(4)主要设备:夹层锅、隧道式干燥设备、真空包装机等。

2.糖水桃罐头

(1)工艺流程:原料→选择→切半→护色→挖核→漂烫→冷却→整理→装罐→加糖水→排气→封口→杀菌→冷却→成品。

(2)操作要点:

a.原料:以七成熟为宜。剔除过软、过硬、过大、过小及有霉烂、有疤伤的果实。

b.切半:沿桃缝合线将桃切分为二。可用人工切半,也可用劈桃机切半。

　　c.去皮、挖核:用3%~5%的氢氧化钠溶液在95℃下处理1~2分钟,去皮后用柠檬酸中和。去皮桃放入1%氯化钠溶液中护色,再用勺型挖核器去核。

　　d.漂烫、装罐:桃片放入沸水中漂烫2~5分钟(水中加入0.1%的柠檬酸),捞出后及时用冷水冷却,整理称重后整齐地排扣在罐中。

　　e.加糖水:糖水中加入0.1%~0.2%的柠檬酸。每罐加入的糖水量要足,顶隙应有0.37~0.7厘米。加糖水时应保持糖水温度为85℃以上。

　　f.排气:排气时罐内中心温度在75℃以上。

　　g.杀菌:100℃下杀菌10~30分钟,分段冷却至37℃。

　　(3)主要质量指标:

　　a.感官指标:白桃呈白色至乳黄色,黄桃呈金黄色至黄色。软硬适度,果块大小均匀。

　　b.理化指标:开罐时糖水浓度14%~18%。

　　(4)主要设备:劈桃机、夹层锅、真空封罐机、立式常压杀菌锅等。

九、辣椒保鲜与加工

(一)辣椒保鲜

适宜贮藏温度8℃~10℃,相对湿度80%~90%。

(二)辣椒加工

1.酸甜红椒罐头

(1)工艺流程:原料→选择→预处理→整理→称重→装罐

→加汤汁→排气→封口→杀菌→冷却→保温→成品。

（2）操作要点：

a. 原料：要求全红、饱满、无伤烂，横径在60毫米以上。采摘后及时加工，不可后熟。

b. 预处理：用小刀纵切，修除蒂把、籽和筋膜。然后将椒片放入90℃热水中热烫1分钟。以椒片均匀柔软为度。

c. 装罐、加汤汁：汤汁配方为糖8千克，盐2.3千克，冰醋酸1.4千克，丁香0.1千克，桂皮0.1千克，胡椒0.1千克，水88千克。其中香料加水煮30分钟后过滤。

d. 杀菌：100℃下杀菌10~30分钟，分段冷却至37℃。

（3）主要质量指标：

a. 感官指标：呈红色。汤汁透明，呈淡黄色。组织软硬适度。

b. 理化指标：氯化钠含量0.6%~1.2%，总酸0.45%~0.75%，可溶性固形物含量5%~9%。

（4）主要设备：夹层锅、糖水灌注机、真空封罐机、立式常压杀菌锅等。

2. 辣椒果脯

（1）工艺流程：原料→清洗→去籽→切片→护色、硬化→真空浸糖→干燥→上胶衣→整形→包装→成品。

（2）操作要点：

a. 原料：选八九成熟、肉质厚实的新鲜青、红辣椒为好。

b. 去籽、切片：纵切两半，挖去瓤籽，切成2厘米×4厘米的片状。

c. 护色、硬化：椒片浸入0.5%氯化钙 + 3.5%氯化钠 +

3%磷酸二氢钠组成的混合液中硬化护色处理1小时后用清水漂洗。

d.真空浸糖:将沥干水的椒片放在煮沸的糖液中漂烫3分钟,冷却至30℃即可真空浸糖。糖液采用20%的白砂糖、30%的淀粉糖浆、0.3%的果胶制成的混合液。真空度为0.09兆帕,温度80℃,时间30分钟。最后在常温常压下继续浸糖9小时。

e.干燥:用无菌水冲去椒片表面的糖浸液,沥干浮水后干燥。第一阶段温度65℃,1.5小时,干燥至水分含量35%为止。第二阶段在50℃下烘至水分含量25%为止。

f.上胶衣:将果脯浸入0.6%卡拉胶溶液中,沥干后在85℃下干燥15分钟,再经0.5%氯化钙处理、烘干,使表面形成一层致密的胶衣。

g.整形、包装:按果脯大小、饱满程度及色泽分级整理后,采用塑料袋包装,真空封口。

(3)主要质量指标:

a.感官指标:呈红棕色或浅青绿色,半透明状。外形完整,大小均匀。肉质柔软有弹性。不返砂,不流糖。无异味。

b.理化指标:总糖40%~45%,含水量20%~25%,总酸≥1.2%。

c.微生物指标:细菌总数750≤个/克,大肠菌群≤30个/100克,霉菌≤50个/克,无致病菌。

(4)主要设备:切片机、夹层锅(带真空泵)、隧道式干燥设备、真空包装机。

十、胡萝卜保鲜与加工

(一)胡萝卜保鲜

适宜贮藏温度1℃~3℃,相对湿度90%~95%。

(二)胡萝卜加工

1. 胡萝卜汁饮料

(1)工艺流程:原料→选择→清洗→去皮→破碎→蒸煮→打浆→胶体磨→调配→均质→脱气→灭菌→灌装→封口→杀菌→冷却→成品。

(2)操作要点:

a. 原料:选择大小均匀、色泽红艳、8~9成熟,无霉烂、虫害的新鲜原料。

b. 清洗、去皮:用2.5%~3%的氢氧化钠在98℃下处理2分钟,再用冷水冲洗,去皮去碱液。

c. 破碎蒸煮:破碎后的原料,按1:2比例加水置于夹层锅内,煮沸20~30分钟。

d. 打浆:用二道打浆机打浆。筛孔直径为1毫米、0.5毫米。然后经胶体磨进一步磨细。

e. 调配:胡萝卜35%,糖10%,蜂蜜3%,柠檬酸0.4%,水51.6%。

f. 均质、脱气:一道均质压力20兆帕,二道均质压力25兆帕。在0.06兆帕的真空度下脱气。

g. 灭菌、灌装:在135℃下灭菌3~5秒钟,在85℃下趁热灌装,封口。

（3）主要质量指标：

a.感官指标：呈橙红色。香气协调柔和，酸甜适口，无异味。果汁均匀一致，无分层现象。

b.理化指标：可溶性固形物含量 11% ~ 13%，总酸≤3 克/升。

（4）主要设备：破碎机、二道打浆机、胶体磨、均质机、真空脱气设备、灌装封口设备、超高温瞬时灭菌器等。

2.速冻胡萝卜丁

（1）工艺流程：原料→清洗→切丁→漂烫→冷却→速冻→包装→冻藏。

（2）操作要点：

a.原料、切丁：选择无霉烂、发芽、虫害的原料。经清洗后切丁。

b.漂烫、冷却：沸水漂烫 1 ~ 3 分钟，立即冷却至 10℃。

c.速冻：在 - 25℃下速冻，使产品中心温度达到 - 18℃。

d.包装、贮藏：按要求重量装袋，封口。- 18℃下冻藏。

（3）主要设备：切丁机、夹层锅、塑料袋封口机、流化床速冻设备、冻藏库。

十一、莴笋保鲜与加工

（一）莴笋保鲜

适宜贮藏温度 0℃ ~ 1℃，贮藏方法有假植贮藏、冷库贮藏等。

（二）莴笋加工

1.香菜心

（1）工艺流程：原料→整理→去皮→腌制→切丝→脱盐→压干→酱制→附味→包装→杀菌→冷却→成品。

（2）操作要点：

a. 原料：采用新鲜幼嫩，无腐烂、黑心、空心的莴笋。

b. 整理、去皮：去笋叶、老皮、老筋，保护笋体完整。一般采用中段笋。

c. 腌制：用18%盐分层腌渍。盐上多下少，勤倒缸。

d. 切丝、脱盐：先切成5厘米长的莴笋丝，长短均匀一致。然后用流动水脱盐至无咸味。

e. 压干：用压榨机压干。然后晾晒两天，使其自然干燥。

f. 酱制：先用80℃热水浸泡笋丝4小时，沥干后用波美18度的酱油酱制10～15天。

g. 附味：每100千克菜坯用香油2千克，麻辣油4千克，糖7千克，盐3千克，味精250克。

h. 包装、杀菌：塑料袋包装，真空封口后在95℃下杀菌10～20分钟，冷却至37℃。

（3）主要质量指标：

a. 感官指标：呈黄褐色，有光泽。无空心，脆嫩。汁液较清，呈棕红色。

b. 理化指标：氯化钠含量3%～6%。

（4）主要设备：切丝机、液压压榨机、真空包装机、立式常压杀菌锅等。

十二、番茄保鲜与加工

（一）番茄保鲜

适宜贮藏温度 10℃～12℃，相对湿度 80%～85%。

（二）番茄加工

1. 番茄汁饮料

（1）工艺流程：原料→清洗→破碎→灭酶→打浆→调配→脱气→均质→灭菌→灌装→封口→杀菌→冷却→成品。

（2）操作要点：

a. 破碎、灭酶：破碎机破碎后，迅速加热到 85℃，钝化果胶分解酶。

b. 打浆：三道打浆机打浆，筛孔直径为 1.2 毫米、0.8 毫米、0.4 毫米。也可采用螺旋压榨取汁。

c. 调配：用白砂糖、柠檬酸将番茄汁调整到合适的糖度和酸度。同时加入 1%～2% 的盐和 0.5% 的酵母粉。酵母具有鲜味，且能吸附番茄汁中不愉快的气味。

d. 脱气：在 0.08～0.09 兆帕的真空度下脱气。

e. 灭菌、灌装：135℃灭菌 2～5 秒钟。85℃下趁热灌装，封口。

f. 杀菌：在 95℃下杀菌 10～20 分钟，冷却至 37℃。

（3）主要质量指标：

a. 理化指标：总糖（葡萄糖计）≥5 克/100 毫升，总酸（柠檬酸计）≤0.5 克/100 毫升，番茄红素≥6 毫克/100 克。

b. 微生物指标：细菌总数≤100 个/毫升，大肠菌群≤5 个/100 毫升。

（4）主要设备：三道打浆机、套管式热交换器、真空脱气设备、均质机、超高温瞬时灭菌器、立式常压杀菌锅等。

2.番茄酱

(1)工艺流程:原料→预煮→打浆→浓缩→灌装→封口→杀菌→冷却。

(2)操作要点:

a.原料:选择8~9成熟,果肉厚,颜色鲜红的新鲜番茄。

b.预煮、打浆:在沸水中煮沸1~3分钟。在70℃下经二道打浆机打浆,筛孔直径为1毫米、0.5毫米。汁液内不得有打碎的种子和其他杂物。

c.浓缩:用真空浓缩设备将番茄酱浓缩至可溶性固形物含量为28%。

d.装瓶、杀菌:浓缩终止后将番茄酱加热至85℃,趁热灌装,封口后在100℃下杀菌10~15分钟,冷却至37℃。

(3)主要质量指标:

a.感官指标:酱体呈红色,表面轻微褐色。黏稠适度,无杂质。

b.理化指标:可溶性固形物含量≥28%,番茄红素≥20毫克/100克。

c.微生物指标:符合罐头食品商业无菌要求。霉菌计数(视野)≤50%。

(4)主要设备:夹层锅、二道打浆机、真空浓缩设备、立式杀菌锅等。

十三、生姜保鲜与加工

(一)生姜保鲜

适宜贮藏温度18℃~20℃。贮藏方法有堆藏、埋藏、窖藏、浇水贮藏等。

（二）生姜加工

1. 姜茶饮料

（1）工艺流程：原料→去皮→清洗→切丁→磨浆→浸提→过滤→加酶→加热→离心→调配→灌装→封口→杀菌→冷却→成品。

（2）操作要点：

a. 原料：取新鲜、无腐烂、无虫、无发芽的姜块。以纤维素尚未硬化变老、但又具备了生姜辛辣的嫩姜为佳。

b. 去皮、清洗：用手工刮制或其他方法去除姜的外皮。并修整去柄蒂和残皮，再用清水将姜块冲洗干净。

c. 切丁、磨浆：切丁后，加入 3 倍水及 0.5% 柠檬酸磨浆。

d. 浸提、过滤：将生姜糜加热到 85℃，保温浸提 10～15 分钟。用 180 目钢筛过滤。

e. 加酶：在姜汁中加入淀粉酶（400 毫升/千克），55℃～60℃下酶解 30～45 分钟。

f. 加热、离心：将酶解后的姜汁加热到 90℃，保温 20 分钟，冷却至 40℃，用离心机进行离心分离。

g. 调配：配方：白砂糖 10%，柠檬酸 0.12%，氯化钠 0.4%，速溶茶粉 0.2%，姜香精 0.2%，柠檬茶香精 0.1%。

h. 杀菌：在 90℃下杀菌 10～20 分钟，冷却至 37℃。

（3）主要质量指标：

a. 感官指标：呈淡黄色。有纯正的姜香和茶香，酸甜适口。

b. 理化指标：可溶性固形物含量 ≥ 10%，总酸 0.1%～0.15%。

（4）主要设备：切丁机、磨浆机、夹层锅、碟式离心机、立式常压杀菌锅等。

2. 糖姜粉

（1）工艺流程：原料→去皮→清洗→破碎→干燥→粉碎→调配→过筛→包装→成品。

（2）操作要点：

a. 破碎：将去皮清洗后的姜块沥干后，用破碎机破碎成粒度5毫米的姜糜。

b. 干燥、粉碎：将姜糜摊在盘中，厚2厘米，在0.07兆帕的真空度下干燥至水分含量3%～4%。用粉碎机粉碎。

c. 调配、过筛：加入姜粉重20%的白砂糖和适量的稳定剂。混合均匀，过120目钢筛。

d. 包装：用粉末自动包装机包装糖姜粉，干燥保存。

（3）主要质量指标：

a. 感官指标：呈淡黄色，甜辣适口，无异味。颗粒大小均匀，无硬块。

b. 理化指标：总糖20%～25%，水分含量3%～4%。

微生物指标：细菌总数≤700个/克，大肠菌群≤30个/100克。

（4）主要设备：破碎机、粉碎机、真空干燥设备、粉末自动包装机等。

十四、南瓜、冬瓜保鲜与加工

（一）南瓜、冬瓜保鲜

适宜贮藏温度10℃，相对湿度70%～75%。贮藏方法有堆藏、架藏、窖藏等。

（二）南瓜、冬瓜加工

1. 南瓜粉

（1）工艺流程：原料→清洗→去皮去籽→切片→漂烫→干燥→粉碎→过筛→包装→成品。

（2）操作要点：

a. 原料：选用肉质金黄，无变质霉烂的老熟南瓜。

b. 清洗：用清水将南瓜洗净后投入含 50 毫克/升的 TCCA 溶液中消毒 5 分钟。

c. 漂烫、烘干：南瓜整理后切成 3 毫米厚的薄片，投入到 90℃热水（加 0.15% 柠檬酸）中热烫 2 分钟。然后在 60℃~70℃下烘干至水分含量为 8%。

d. 粉碎、过筛：用粉碎机将干块粉碎后过 120 目筛。冷却后用塑料袋包装，真空封口。

（3）主要质量指标：

a. 感官指标：黄色或金黄色。颗粒大小均匀，无硬块，无杂质。

b. 理化指标：水分含量 8%~9%，总糖 21%~22%，灰分 5%。

（4）主要设备：切片机、夹层锅、粉碎机、隧道式干燥设备、真空包装机等。

2. 冬瓜茶

（1）工艺流程：原料→清洗→原料处理→破碎→压榨→沉降→过滤→离心→调配→灌装→封口→灭菌→冷却→成品。

（2）操作要点：

a.原料及原料处理:选择皮薄、肉厚的原料,清洗去皮、去籽后切成小块。

b.压榨、沉降:破碎、压榨取汁后,加入适量的明胶和单宁,使其沉降。

c.过滤、离心:纱布过滤后,用碟片式离心机进行分离。也可用 180 目钢筛过滤。

d.调配:配方为冬瓜原汁 85 千克,红茶粉 0.8 千克,果糖(72 白利糖度)42 千克,柠檬酸 0.25 千克,柠檬酸钠 60 克,冬瓜茶香精 0.8 千克,加水至 1000 升。

e.灭菌:在 110℃下灭菌 10～20 分钟,反压冷却至 37℃。

(3)主要质量指标:

a.感官指标:有纯正的茶香。酸甜可口,香气浓郁,无沉淀。

b.理化指标:可溶性固形物含量≥8%。

(4)主要设备:破碎压榨机、碟片式离心机、灌装封口设备、卧式杀菌锅等。

3.低糖冬瓜脯

(1)工艺流程:原料→清洗→去皮→切分→硬化→糖煮→干燥→包装。

(2)操作要点:

a.原料:选择皮薄、肉厚、肉质致密、八成熟的冬瓜。

b.硬化:将整理切好的冬瓜条(1 厘米×1.5 厘米×3 厘米)放入饱和氢氧化钙溶液中硬化 24 小时。然后用清水漂洗 2 小时。

c.糖煮:第一次用 30% 的糖液煮制 8 分钟。当料温降至

60℃时在 0.08 兆帕的真空度下渗糖 20 分钟。继续糖煮两次,糖的浓度依次为 40%、50%。最后一次糖煮时加入 0.2% 的柠檬酸。

d. 干燥:沥干糖液后,50℃~60℃烘至水分含量 20%。

(3)主要质量指标:

a. 感官指标:浅黄色。半透明,质地柔软。酸甜适口,无异味。

b. 理化指标:总糖 42%~45%,水分含量 18%~20%。

微生物指标:细菌总数≤750 个/克,大肠菌群≤30 个/100 克,霉菌≤50 个/克,无致病菌。

(4)主要设备:夹层锅(带真空泵)、隧道式干燥设备、真空包装机等。

十五、莲藕保鲜与加工

(一)莲藕保鲜

莲藕贮藏可稍带泥土,放置阴凉处。贮藏方法有泥土埋藏、塑料帐贮藏等。

(二)莲藕加工

1. 藕汁饮料

(1)工艺流程:原料→清洗→去皮→切片→护色→蒸煮→冷却→破碎→压榨→过滤→调配→灌装→封口→灭菌→成品。

(2)操作要点:

a. 原料:选择乳熟期莲藕。其可溶性固形物含量 8.7%,

单宁含量0.014%。

　　b.清洗:将老藕切去节部,用水清洗干净。并用鹅毛通一通藕孔,以免有泥沙沉积。

　　c.护色:去皮切片后的藕片放在0.5%维生素C+0.2%β-CD护色液中。

　　d.蒸煮:藕片在沸水中蒸煮5~10分钟。

　　e.榨汁、过滤:破碎压榨得到藕汁后进行板框压滤。

　　f.调配:原藕汁20%,白砂糖5%,蜂蜜0.35%,柠檬酸0.09%,苹果酸0.02%。

　　g.灭菌:在110℃下灭菌10~20分钟,冷却至37℃。

　　(3)主要质量指标:

　　a.感官指标:呈乳白色,凉爽清纯,藕味浓郁。

　　b.理化指标:可溶性固形物含量为12%~13%,pH值为4.3。

　　(4)主要设备:切片机、破碎压榨机、夹层锅、板框压滤机、灌装封口设备、卧式杀菌锅。

　　2.莲子饮料

　　(1)工艺流程:原料→浸泡→磨浆→胶体磨→过滤→离心→调配→均质→灌装→封口→灭菌→成品。

　　(2)操作要点:

　　a.原料:以粒大饱满者为优。选用色白、无虫蛀、无霉变的去心莲子为原料。

　　b.浸泡:清洗后,用3倍的水在室温下浸泡10小时。至浸泡液中刚出现小泡为佳。

　　c.磨浆、胶体磨:浸泡好的莲子加适量水在粗磨上磨浆。

将粗浆加 10 倍水在胶体磨上磨细,使莲细胞彻底破碎,便于物质提取。胶体磨浆时最好在 40℃ 下进行。

d. 过滤、离心:200 目筛过滤后,滤液在 1500 转/分下离心分离 5 分钟,除去淀粉。所得莲子原浆为莲子体积的 10 倍。

e. 调配:用白砂糖、柠檬酸调配饮料。控制 pH 值为 6.6 ~ 6.7。同时加入 0.12% 羧甲基纤维素钠和 0.1% 蔗糖脂复合稳定剂。

f. 均质:在 40℃ ~ 45℃,23 兆帕压力下进行均质。

g. 灭菌:在 121℃ 下灭菌 10 ~ 20 分钟,冷却至 37℃。

(3)主要质量指标:

a. 感官指标:呈乳白色。具有莲子清香。均匀乳浊液,无沉淀。

b. 理化指标:可溶性固形物含量 11% ~ 13%,蛋白质含量 1% ~ 1.28%,pH 值 6.6 ~ 6.7。

(4)主要设备:磨浆机、胶体磨、离心分离机、均质机、灌装封口设备、卧式杀菌锅等。

十六、竹 笋 加 工

1. 辣味竹笋罐头

(1)工艺流程:原料→预处理→预煮→取段→切条→漂洗→酸煮→装罐→加调味汤→排气→封口→灭菌→成品。

(2)操作要点:

a. 预处理:剥去笋体外壳,斩去根部粗老部分。按大小分级,笋体较粗的在其根部朝笋尖方向切一刀,以缩短预煮时间。

b. 预煮：在沸水中预煮，小笋 40 分钟，大笋 55 分钟。以煮熟为准。

c. 取段、切条：先修去虫斑、伤疤及粗老部分。由笋尖部位向笋根部位分别取下长 4～4.5 厘米的笋段。然后将笋段对开，切成 1 厘米×4 厘米的笋条。

d. 漂洗、酸煮：笋条在流动水中漂洗 12 小时。然后放在 0.1% 柠檬酸水中煮沸 15 分钟，煮好后迅速捞出并冷却。

e. 配方：笋条 100 千克，白砂糖 3 千克，味精 0.8 千克，食用油 5 千克，酱油 6 千克，红辣椒丝 0.2 千克，盐 2.3 千克，清水 75 千克。

f. 装罐：装罐次序为先装食用油、红辣椒丝，再装笋条，最后加调味汤。

g. 灭菌：在 121℃ 下灭菌 10～30 分钟，冷却至 37℃。

(3) 主要质量指标：

a. 感官指标：笋肉汤呈淡黄色，辣椒呈红色。笋肉脆嫩，食之无渣感，块状大小均匀。

b. 理化指标：氯化钠含量 1.5%～2.2%。

(4) 主要设备：夹层锅、漂洗池、糖水灌注机、真空封罐机、卧式杀菌锅等。

2. 竹汁饮料

(1) 工艺流程：原料→采集活体竹汁→澄清→过滤→灭菌→灌装→封口→杀菌→冷却→成品。

(2) 操作要点：

a. 采集活体竹汁：选择 2～4 年生的楠竹，在根部用凿子凿口(15～20厘米宽),再将表皮撕开弯入采集瓶内,竹汁顺表皮流入瓶内。平均一夜可采集800毫升/根。也可以采用破碎压榨或发酵糖化的工艺取汁。

b. 澄清:向竹汁中加入硅藻土(0.15克/100毫升)和明胶(0.2克/100毫升),在30℃下搅拌40分钟。除去竹汁中的蛋白质和多酚,防止饮料产生沉淀和混浊。

c. 调配:配方为竹汁1500升,菊花6千克,蔗糖320千克,柠檬酸0.04%,苹果酸0.02%,乙基麦芽酚15毫克/千克,加纯水至5000升。菊花经热水浸提,精滤(10微米)处理。加入乙基麦芽酚和菊花掩盖了竹汁原有的荸荠味,而且赋予饮料柔和的清香,使香气更协调,甜酸比更合适。

d. 灭菌:在135℃下灭菌3～5秒钟。趁热灌装封口。

e. 杀菌:在95℃下杀菌10～20分钟,冷却至37℃。

(3)主要质量指标:

a. 感官指标:无色或淡黄色,澄清透明,具有柔和的清香。

b. 理化指标:糖度≥6白利糖度。

(4)主要设备:板框压滤机、超高温瞬时灭菌器、灌装封口设备、立式常压杀菌锅等。

十七、食用菌保鲜与加工

(一)食用菌保鲜

适宜贮藏温度0℃～8℃,常用贮藏方法有冷库贮藏、缸藏、清水或盐水浸泡贮藏等。

(二)食用菌加工

1. **蘑菇罐头**

（1）工艺流程：原料→检验→清洗→切片→预煮→称重→装罐→加盐水→排气→封口→灭菌→冷却→保温→成品。

（2）操作要点：

a. 原料：选用菌盖良好、菇色正常、无损伤、无病虫害、菌盖直径 8 ~ 40 毫米的蘑菇。

b. 清洗：先在清水中浸泡 15 分钟，切忌揉搓或上下搅动。

c. 切片：切片机切片后按直径大小将菇分三级：3 ~ 5 厘米，5 ~ 6 厘米，6 厘米以上。

d. 预煮：菇水比为 1:1 ~ 1:1.2。先在夹层锅内煮沸 2 分钟，捞出后用清水冷却。

e. 配盐水：预煮菇汤 97.5% ，盐 2.5% ，加热溶化后过滤。

f. 装罐：将整朵菇与块菇分别装罐，加入盐水。

g. 灭菌：121℃灭菌 10 ~ 30 分钟，反压冷却至 37℃。

（3）主要质量指标：

a. 感官指标：呈淡黄色。汤汁清晰。菇片大小均匀一致。

b. 理化指标：氯化钠含量 0.8% ~ 1.5% 。

（4）主要设备：切片机、夹层锅、盐水灌注机、真空封罐机、卧式杀菌锅等。

2. **速冻蘑菇**

（1）工艺流程：原料→清洗→护色→漂洗→分级→脱气→漂烫→冷却→包装→速冻→冻藏。

（2）操作要点：

a. 原料：新鲜蘑菇非常脆嫩，采收后极易变色。收购贮运中注意轻拿轻放。去掉发黑、开伞、虫害、泥柄蘑菇。

　b. 清洗、护色:用清水浸泡 15 分钟,逐个清洗。放入 0.1%的焦亚硫酸钠水溶液中护色 3～5 分钟,直到发白为止。

　c. 漂洗、分级:在清水中漂洗 20～30 分钟。然后按大小分级:18～25 毫米,26～33 毫米,34 毫米以上。

　d. 脱气:将菇放入 1%的柠檬酸加有维生素 C 的溶液中,在 4000 帕的真空度下脱气 1～3 分钟。

　e. 漂烫:在 95℃的热水(含 0.1%的柠檬酸)中烫漂。烫漂时间为 3～6 分钟,依蘑菇大小而定。

　f. 速冻:将菇预冷至 10℃以下,分级包装后,在 -30℃下速冻,使中心温度达到 -18℃。

　g. 冻藏:贮藏在 -18℃的冻藏库中。

　(3)主要设备:漂洗池、真空脱气设备、夹层锅、速冻设备、冻藏库等。

十八、其他蔬菜加工

　1. 甜酸藠头罐头

　(1)工艺流程:原料→修剪→洗涤→腌制→漂洗→分级→装罐→加糖醋液→封口→杀菌→冷却→成品。

　(2)操作要点:

　a. 原料:选质肥、鲜嫩、无霉烂的原料。青头、破碎率≤10%。

　b. 修剪:剪去大部分须根,保留地上茎 1.5～2 厘米。

　c. 腌制:10% 盐。中下层占 1/2,上层占 1/2。要抽底水回流到上面,每天一次。逐日加少许盐,使盐水浓度为 15 波美度。腌制 8 ～ 15 天。

d. 漂洗:在流水中漂洗脱去食盐,然后沥干浮水。

e. 分级:用刀切去全部须根及地上茎。剔除青头、硬皮、破口粒。然后分级:大粒 ≥3.4 克,中粒 2.2 ～ 3.4 克,小粒1.5 ～ 2.2 克。

f. 装罐:固形物不低于净重的 60%。配方:藠头 20 千克,盐 2 千克,2.5% ～3% 的醋酸溶液 20 升,白砂糖 5 千克。

g. 杀菌:在 90℃下杀菌 10 ～20 分钟,冷却至 37℃。

(3)主要质量指标:

a. 感官指标:脆嫩。无青头破口,颗粒大小均匀,无异味。

b. 理化指标:含盐量 1.5% ～3.0%,pH 值为 3。

(4)主要设备:腌制罐、漂洗池、真空封罐机、糖水灌注机、立式杀菌锅等。

2. 黄花菜干

(1)工艺流程:原料→清洗→分级→漂烫→冷却→干制→包装→成品。

(2)操作要点:

a. 原料:应在花蕾充分长成但尚未开放前采收。采收过早,色泽暗、香味淡;采收迟,花蕾已开放,易散瓣。按成熟度分级,拣除杂物。

b. 漂烫、冷却:在沸水中漂烫 3 ～5 分钟。待花蕾微变色、变软,呈黄或黄绿色,里生外熟,手捏花柄,花蕾能直立为度。然后自然冷却。

c. 干制:每平方米烘盘可装处理过的黄花菜 5 千克。在90℃时送入黄花菜,当下降至 65℃时,保持 1 小时,然后逐渐降至50℃,直到干燥结束。当烘房内相对湿度下降至65%以上时,应排湿,使之降至60%。

（3）主要质量指标：

a.感官指标：呈淡黄至金黄色。条色均匀,有光泽,无青条菜。

b.理化指标：水分含量≤15%,总酸≤3%,总糖≥37.5%。每千克干菜不多于2300根。

（4）主要设备：夹层锅、烘房、塑料袋封口机等。

3.葛根淀粉

（1）工艺流程：原料→清洗→切段→破碎→洗粉→沉降→干燥→粉碎→过滤→包装→成品。

（2）操作要点：

a.清洗、切段：用毛刷将葛根表面的泥土在清水中洗净,切成3~5厘米的小段。

b.破碎：用破碎机破碎后,用水洗粉。

c.沉降：将粉浆置于沉淀池中使其自然沉淀。排出上层水液,得到下层湿淀粉。

d.干燥、粉碎：在50℃~60℃下干燥至水分含量≤15%。经粉碎机粉碎后,用100目钢筛过滤。

e.包装：用塑料袋包装,真空封口。

（3）主要质量指标：

a.感官指标：淀粉颗粒大小均匀一致,无异味、无杂质。

b.理化指标：水分含量13%~15%。

（4）主要设备：破碎机、隧道式干燥设备、粉碎机、真空包装机等。

4.蕨菜罐头

(1)工艺流程:原料→修整→清洗→预煮→漂洗→装罐→加汤汁→排气→封口→杀菌→冷却→成品。

(2)操作要点:

a.原料:选取嫩茎部分,弃去过老或纤维较多的部分。然后切成小段。如不能马上处理,须浸泡在0.2%的焦亚硫酸氢钠溶液中。

b.清洗:将处理好的原料放在清水中冲洗15～30分钟。

c.预煮:从原料到预煮,一般控制在4小时内进行。在沸水中煮4～8分钟。一般在水中加入0.2%的柠檬酸和0.2%的焦亚硫酸氢钠。原料与水比为1:1.5。

d.漂洗:用流动水冲洗以上原料至水中pH值为6.5～7,无二氧化硫为止。

e.装罐:按标准量装入蕨菜,尽量减少停留时间。及时往罐中注入85℃的温开水,加入0.2%的柠檬酸来增加杀菌效果及调节风味。

f.杀菌:在100℃下杀菌15～30分钟,冷却至37℃

(3)主要质量指标:

a.感官指标:呈青色或浅紫色。液汁较透明,允许有轻微的混浊现象。组织脆嫩。

b.理化指标:总酸0.08%～0.12%。固形物装入量不低于净重的53.5%。

(4)主要设备:夹层锅、漂洗池、真空封罐机、立式杀菌锅等。

5.即食藜蒿

（1）工艺流程：原料→选择→清洗→切段→漂洗→冷却→附味→包装→杀菌→冷却。

（2）操作要点：

a.原料：一般在其嫩茎长 8～15 厘米，顶端新叶尚未散开，茎秆未硬化，颜色呈白色时采收。采收后将展开叶去掉，保留顶部未展开叶。按长短不同分级。

b.清洗切段：取同一级嫩茎，洗净后切成 2 厘米的小段。

c.烫漂：在沸水中烫 1～2 分钟，捞出后投入冷水中冷却。用甩干机甩干水分。

d.附味：按原料重拌入 5% 的盐，0.5% 的味精，0.1%～0.2% 的柠檬酸和其他调味料。

e.包装、杀菌：用塑料袋包装，真空封口后在 90℃ 下杀菌 10～20 分钟，冷却至 37℃。

（3）主要质量指标：

a.感官指标：脆嫩可口，无异味。长短均匀一致，无杂质。

b.理化指标：含盐量 1.5%～2.5%。

（4）主要设备：夹层锅、真空包装机、立式杀菌锅等。

第二章 粮油制品加工

一、米制品加工

(一)方便米饭

1. 工艺流程

精白米→风裂→煮→蒸→水洗→沥水→干燥→包装。

2. 操作要点

(1)原料要求:大米的支链和直链淀粉含量合理。若直链淀粉含量高(籼米),较干硬;支链淀粉含量高(糯米),黏性大,在加工过程中容易产生米粒团块不易分散而影响产品品质。原料米必须是经精加工的适合于方便米饭加工的单一品种,或者是各种大米搭配以后的混合米。

(2)风裂:用90℃~95℃的干热空气对精白大米进行强制通风加热,加热时间为12~15分钟。目的是为了使大米米粒开口,从而提高原料吸水速度和成品的复水速度。

(3)水煮:将开裂的大米放在91℃~93℃的水中煮10~12分钟,使米粒充分吸水膨胀,水分含量达到60%以上。

(4)汽蒸:水煮后的大米捞出沥水,在常压下蒸8~10分钟,大米完全糊化,水分含量68%~70%。

(5)水洗:用冷水洗涤,使米粒表面淀粉回生,防止米粒相互粘连,同时在洗涤过程中还可以加入食用油或山梨聚糖油酸单脂,同样可以阻止糊化米粒结块成团。更重要的是水洗可以去除米粒中的浮物和杂质。水洗时间以2~3分钟为宜。沥出水,进入下道工序。

(6)干燥:将大米铺于传送带上,厚度适宜(2厘米左右),进入干燥机内干燥。干热空气温度120℃左右,风速54米/分钟,最终成品水分含量12%左右。

(7)包装:碗式包装。

3. 主要质量指标

(1)感官指标:米粒长而轻,互不粘连,有典型的米饭风味,口感松软而干,无牙碜感。

(2)理化指标:水分含量≤12%,复水性:沸水泡5分钟,即可食用。

(3)卫生指标:细菌总数≤3000个/克,大肠菌群≤30个/100克。致病菌不得检出。

4. 主要设备

热风干燥机、夹层锅、蒸甑、包装设备。

(二)方便米粉

1. 工艺流程

原料预处理→浸泡→磨浆→筛滤→脱水→蒸粉→挤出成片→挤丝→成型→冷却→复蒸→冷却→切断→干燥→冷却→包装。

2. 操作要点

(1)原料预处理:要求米质精白、无虫、无砂、无霉变,蛋白质和脂肪含量不能偏高。根据早、晚籼米中的直、支链淀粉含量不同,可采用纯早籼米或早、晚籼米搭配使用。本方案中早、晚籼米之比为9:1,无论采用何种配比形式,直链淀粉含量应控制在18% ~25%之间。若直链淀粉偏低,则米粉光洁度较好,但黏性大,成型困难,抗拉强度差,韧性差,口感无咬劲;若支链淀粉偏低,则米粉糊化不够,吐浆率较高,脆而易断,口感硬。

采用比重去石机去石。去石工序要求保证:米粉食用不牙碜,含砂量少于0.02%。

用于清洗的水质要符合国家饮用水水质标准。清洗的目的是清洗大米米粒表层的灰尘杂质和微生物。洗米设备采用射流式洗米桶。

(2)浸泡:浸米采用射流式浸米桶。浸泡时间视环境温度而定,夏秋季节1~3小时,冬春季节2~4小时。浸米的技术标准:水分含量40%左右,以用拇指与食指搓压米粒,能搓碎而无颗粒感为宜。

(3)磨浆、筛滤:浸泡好的大米借助浸米桶的射流装置将米、水混合物通过水管送入米、水分离桶中,米、水分离。磨浆工序的主要设备是磨浆机和筛滤机。粗磨机和精磨机两台串联使用,可以磨出浓度适度、粗细适宜的米浆,过80目筛布。米浆浓度一般控制在20波美度左右。若太浓,粗细度不能保证;若太稀,会增加设备负荷和能耗,不经济。磨好的浆应不断搅拌,以防沉淀。

(4)脱水:蒸粉之前必须将米浆中的水去除一部分,成为含水量为40% ~42%的大米粉末。脱水设备通常采用转鼓式真空脱水设备。

（5）蒸粉：蒸粉设备通常采用间歇式搅拌蒸粉机。搅拌蒸粉机最适宜的工作水分是 36%～38%，一般向米粉添加 4%～5% 的玉米淀粉（含水量为 10%～12%）后，米粉中水含量即可达到要求。在方便米粉生产中要求方便米粉复水性好，在蒸粉时，要求糊化度达到 80% 以上，后续的复蒸才能达到工艺要求。

（6）挤片、挤丝：蒸熟后的粉料在挤丝之前要经过挤片处理。蒸熟后的粉料相对松散，挤压成片后，变得紧密坚实，有韧性，粒料之间空气得以排除，这对挤片以后挤丝成型是否美观，重量是否有误差及其大小至关重要。挤片采用螺旋挤片机。

挤丝采用波纹成型挤丝设备，包括挤丝机、风机、不锈钢输送网带。挤丝机由出丝头、榨膛、进料口组成。榨膛采用超长型，目的是产生弯曲成型所需的压力。挤丝后的米粉呈波纹状。

（7）冷却、复蒸：复蒸前短时伺冷却，其目的是快速吹干成型后米粉表面的黏性凝液，降低温度和湿度，离散米粉条，减少粘连，而冷却时间短是为了防止大部分 α 化的淀粉回生，使其复水容易，成品开盖加水浸泡快熟即食。冷却方式采用强风冷却。蒸粉以后，只有 80% 以上的淀粉糊化，为了使产品易泡快熟，粉丝的成熟度要达到 90% 以上，需在 98℃～102℃ 的温度下复蒸 12～16 分钟，这样，方便米粉表面光滑，透明度高，断条率和吐浆率降低。

（8）冷却、切断：经复蒸的米粉短时间冷却后，切成 10～12

厘米粉块,然后进入干燥工序。切断设备采用回旋式切条机。切断要求:切口平直,粉块呈长方形体。

(9)干燥:干燥工序能够尽快地固定前面工序(蒸粉、复蒸)淀粉的α化状态,尽可能地防止熟淀粉回生,保证米粉具有良好的复水性,为此,采用短时较高温度干热风干燥。干燥要求:水分含量在12%以下,不变色变味,不脆断。

(10)冷却、包装:干燥后的方便米粉冷却到室温后与方便调味料一起袋装或碗装。包装上应附食用说明书。

3.质量指标

(1)感观指标:外观呈波纹状、表面光洁、无断条。色泽呈乳白色、透明、有光泽。气味:无霉味、酸味、异味,具有正常的米制品香味。口感:滑爽有韧性、不碜牙。

(2)理化指标:水分≤14%;吐浆度≤1.0毫克/克。碘呈色值≥3.0;复水性:85℃开水泡5~6分钟即可食用,不夹生、不黏糊、不断条;食品添加剂符合GB2760-1996标准。

(3)微生物指标:

细菌总数≤3000个/克;大肠菌群≤30个/100克。致病菌不得检出。

(4)保质期:9个月。

4.方便米粉调味料

主要指色、香、味三要素,具体包括油包、粉末包和脱水实物包。

(1)油包:主要原料是食用油脂、酱油、香辛料提取等。

工艺:原料→预处理→混合→包装→杀菌→冷却。

(2)粉末包:食糖、食盐、味精、鸡精、香辛料。

（3）脱水实物包：原料主要是肉类、蔬菜类。

工艺：原料→预处理→干燥→粉碎→混合→包装→成品。

5. 主要设备

大米去石机、射流式洗米桶、米水分离桶、浸米缸、磨浆机、真空脱水转鼓、卧式拌浆机、搅拌蒸粉机、挤片机、挤丝机、复蒸机、热风干燥机、塑碗封盖机、热收缩膜包装机。

（三）切粉

1. 工艺流程

大米→去石→清洗→浸泡→磨浆→筛滤→蒸浆→冷却→切条→成品。

2. 操作要点

（1）原料处理：大米的去石、清洗、浸泡与方便米粉相同。

（2）磨浆、筛滤：把已浸泡好的大米，加入适量水，经粗、精磨浆机磨成波美度为 18～20 的米浆，同时配备 1 台筛滤机将米浆过 80 目，以保证米浆细度，滤去浆液中糠皮等杂质。

（3）蒸浆：将米浆充分拌匀。粉层厚薄调节器将米浆均匀地涂布于浆料带上，进入蒸浆机内在 100℃下 1～2 分钟蒸熟，粉厚为 0.5～0.7 毫米。蒸浆要求：米浆浓度合乎要求，摊薄均匀，熟度适宜，表面有光泽感。

（4）冷却、切条：用强风冷却，吹干表面水分，降低黏度，使部分淀粉回生，便于切条，保持米粉爽口感。用回旋式切条机切成 4～5 毫米的粉条。

3. 主要质量指标

（1）感官指标：表面洁白、无杂质、正常米香味、爽口、不断条。

（2）理化指标：水分含量60%～70%。

（3）保质期：1天。

4. 主要设备

大米去石机、射流洗米桶、水米分离桶、浸米桶、磨浆机、蒸浆机、切条机。

（四）大米脆片

1. 工艺流程

原料→精选→磨粉→混合→糊化→切片→冷却→干燥→油炸→离心脱油→上味→冷却→真空包装→入库。

2. 操作要点

（1）磨粉：两台串联磨粉。

（2）混合：粳米与玉米淀粉以9∶1混合。混合时先用糖水将淀粉溶解，再加米粉末搀和，混合均匀。水的用量以混合均匀后表面还渗出一薄层水分为准。

（3）糊化：蒸汽加热糊化30分钟。尽量摊开混合物，增大受热面积，确保糊化程度一致。

（4）整形切片：糊化后要趁热整形，搓成圆柱形，切片。

（5）冷却：0℃左右冷却。

（6）干燥：干燥温度75℃，时间10小时左右，至片形透明为止。

（7）油炸：真空锅内油炸，温度160℃～170℃，1～2分钟。

（8）脱油：离心脱油机内脱油。

（9）冷却包装：干冷风冷却。以不透气、不透水的塑料袋真空包装。

3. 主要质量指标

（1）感官指标：

色泽:金黄,均匀一致。

形态:厚薄均匀、形态整齐、孔洞密度均匀。

滋气味:酥松,具有大米烤香味。

(2)理化指标:水分≤5%;酸价(以脂肪含量计)≤5,过氧化值(以脂肪含量计)≤0.5。

(3)卫生指标:细菌总数≤750个/克;大肠菌群≤30个/100克,致病菌不得检出。

4.主要设备

拌合机、蒸煮锅、干燥设备、油炸锅、脱油机、真空包装机。

(五)膨化大米营养粉

1.工艺流程

原料→清理→适度破碎→润化→挤压膨化→切断→干燥→粉碎→配方调制→成品。

2.操作要点

(1)原料处理:大米(标一早籼米)、玉米、黄豆去杂除石、风选。

(2)破碎:用磨粉机分别对大米(61%)、玉米(7%)、黄豆(20%)破碎,过20目筛。

(3)润化:加水润化,使之含水量为25%左右。加1.7%高果糖浆(50白利糖度),使之在以后的挤压膨化中起加快淀粉α化的速度、增加膨化效果和助膨剂作用。混合均匀。

(4)挤压膨化:原料在螺旋挤压膨化机内,借助机械摩擦产生的高温和高压,其组织变软,水分呈过热态,挤出时高压变为常压,过热水分迅速汽化而发生膨化。膨化机螺杆转速55~80转/分,温度为160℃~185℃,压力为1.2兆帕。膨化后,产品的营养成分、溶解性、冲调性等得到改善,返生现象得以控制。

(5)切断:将挤压膨化的米粉切片,便于烘干操作。

(6)烘干、粉碎:用连续热风干燥机烘干,再用粉碎机粉碎。

(7)调配:大米粉61%、大豆粉20%、玉米粉7%、白糖粉10%、磷酸氢铵0.2%、食盐0.1%、果糖1.7%、少量维生素C。

(8)包装:铝箔复合膜袋袋装。

3．主要质量指标

(1)感官指标:淡黄色,具有大米、黄豆、玉米特有香味,粉末状。

(2)理化指标:水分含量≤4%。

4．主要设备

磨粉机、挤压膨化机、烘干机、包装机。

(六)膨化米饼

1．工艺流程

糯米→去石→清洗→浸泡→沥水→粉碎→调粉→蒸制→冷却→成型→干燥→焙烤→调味→烘干→成品→包装→入库。

2．操作要点

(1)浸米:浸泡20～30分钟,让其吸水,含水量30%左右,便于粉碎。

(2)碎粉:粉碎机碎粉,过80目筛。

(3)调粉:将食盐(3千克)、白糖(15千克)用水溶解,加入糯米粉(80千克)和玉米淀粉(20千克)中,充分调粉,加水总量 35 千克。水分过量,干燥时表面干硬层较厚,膨化不佳,过少,淀粉糊化不充分,膨胀性差。

(4)蒸制:采用高温高压蒸制,120℃,5 分钟。若采用低温长时间蒸制,米饼粉团颜色发暗,透明度差,烤出的米饼发黑。

(5)冷却:自然冷却,放置 1~2 天,让其硬化,便于成型操作。但时间不宜过长,否则返生严重,粉团太硬,不利于成型。

(6)成型:成型前,粉团需反复揉捏至粉团无硬块,质地均匀,然后加入膨松剂小苏打(0.5 千克)、香精(300 克)。成型后的米饼直径 8~10 厘米,厚 2.5~3 毫米,重 6~8 克。

(7)干燥:它是焙烤前必备工序,若成型后直接焙烤,米饼会表硬内软。远红外线热风干燥温度控制在 25℃~30℃之间,时间 24 小时左右,初期湿度 40%~50% 为宜,然后在湿度 10%~20% 下干燥,干燥终点米饼坯含水 10%~15%。若水分高,焙烤时膨胀温度高,开始膨胀时大量水蒸气易使其中间产生分层现象,甚至通体鼓大泡,内部几乎不能膨化,表硬内软;若水分低,膨化温度低,产生的水蒸气少,膨化效果差。干燥后静止 30 小时左右。

(8)烘烤:米饼坯加热软化点在 145℃~165℃,焦点在 180~200℃,先加热软化,再加热到 210℃~220℃膨化 1 分钟后降至 120℃干燥硬化 8 分钟,最后升到焦化点焦化,米饼表面就形成金黄色。

(9)调味烘干:根据各地域口味差异,喷调味液后再干燥,即得成品膨化米饼。

3. 主要质量指标

(1)感官指标:色泽正常,基本均匀,不得有过焦颜色。

气味:正常大米香味,无焦苦味、油味及其他异味。

组织形态:外形完整,大小均匀;口感松脆。

(2)理化指标:筛下物≤5.0%,水分≤7.0%,酸价、过氧化值等符合 GB1704 规定。

(3)卫生指标:按 GB1704 执行。

4.主要设备

高温高压蒸粉机、干燥设备、焙烤机、包装机。

(七)黄酒

1.工艺流程

原料米→预处理→蒸煮→冷却→落缸→发酵→压榨→澄清→杀菌→成品包装。

2.操作要点

(1)原料处理:精白糯米除去砂石,用自动洗米机洗净,浸泡 12～15 小时,米粒吸水膨胀,含水 25%～30%。

(2)蒸煮:常压蒸煮 15～20 分钟,淀粉受热糊化,利于糖化,同时对米饭杀菌。蒸煮的饭应是外硬内软,中无生心,疏松而不糊,透而不烂,均匀一致。

(3)冷却:用冷开水淋饭,最初透出的水,温度高,黏度大,弃之不用,后来透出的水约 50℃时,可以用来回淋,使米饭温度回落到 32℃。

(4)落缸:发酵缸要经日晒,石灰水清洗,沸水消毒,再将沥干淋冷后的米饭倒入缸内,撒入酒药,拌和均匀,搭成上大下小的回窝,窝要搭得疏松,以不倒为度。搭窝后,再在上面撒一层薄薄的酒药,以手轻轻抹平。窝搭好后,品温在 27℃～30℃。落缸 48 小时后就可见白米饭上的白色菌丝相互粘连,窝内出现甜液,缸中产生酒香,用手压咝咝作响,气泡外溢,约经 50 小时,糖液溢满整窝,此时酵母数已达 0.6 亿~0.7 亿个/毫升,酒度可达 3.8°。

(5)发酵:当窝液达到饭堆 4/5 时,就加入麦曲和水,搅拌均匀,酵母继续繁殖,醪液温度上升,投水后 12~14 小时,缸中心品温达 26℃~28℃,第一次搅拌后,每隔 4 小时搅拌一次,3 次后,每天早晚各一次,4~6 天后静置养坯。25~30 天后,酒度可达 15°以上。

(6)压榨:螺旋压榨机压榨过滤。

(7)澄清:榨出的生酒加适量的白糖,搅匀后静止 2~3 天,取上清液。

(8)杀菌:板式杀菌器 85℃,1 分钟杀菌。

(9)装罐:无菌灌装系统与板式热交换器相连,无菌灌装。

3. 主要质量指标

(1)感官指标:色泽橙黄至深褐,清澈透明,允许正常沉降物。滋气味:具有黄酒特有的醇香,味甜,酒体协调,无异味。

(2)理化指标:糖分(葡萄糖计)≥10 克/100 毫升。

酒精度 >13.00%。

总酸(琥珀酸计)≤0.55 克/100 毫升。

4. 主要设备

浸泡缸、蒸煮锅、发酵缸、螺旋压榨机、板式热交换器、无菌灌装设备

(八) 糯米酒

1. 工艺流程

糯米筛选→浸泡→蒸煮→发酵→过滤→杀菌→灌装。

2. 操作要点

（1）糯米筛选：以圆状"团团糯"糯米最好，清除杂质。

（2）浸泡：清水清洗，40℃软水浸泡1小时。

（3）蒸煮：常压下蒸约1.5小时，中间加水二次，注水量为原料米的50%～60%。

（4）发酵：取出摊开放冷到32℃～36℃，将酒曲碾成粉末撒布在糯米饭面上，拌匀，用量为原料的0.4%～1.0%。移入缸内，压实，并在中间开一孔穴，缸口用麻布或草编缸盖盖好，天气寒冷时，要注意保温。入缸后18小时，米饭表面长出菌丝，米粒变软，呈泥状且有甜味，温度升到35℃～38℃，米淀粉因霉菌的糖化酶作用已大部分糖化，酵母繁殖，一部分糖化的淀粉转变成酒精，至此，就得到甜酒酿。随着醪内糖浓度提高到一定程度，酵母繁殖受到抑制。入缸18小时后，加水稀释，品温降低，发酵渐旺，品温又上升。在发酵全过程中前后加水4～6次，加水量为原料的30%～35%。入缸3天左右发酵最旺，4天后逐渐衰退，5～6天后发酵逐渐停止。

（5）过滤：醪内酒精含量8%～10%，用纱布粗滤，澄清后，再用板框式压滤机精滤。

（6）杀菌：板式热交换器杀菌50～60秒钟。

（7）灌装：无菌灌装系统在杀菌后无菌装填。

3. 主要质量指标

（1）感官指标：橙黄透明，具有糯米酒特有的香味。

（2）理化指标：糖分（葡萄糖计）≥12.00克/100毫升。酒精度≥6.00%。

4. 主要设备

蒸煮锅、发酵池、压滤机、板式热交换器、无菌灌装系统。

二、红薯加工

(一)红薯粉丝

1. 工艺流程

红薯→清洗去皮→打浆→淀粉提取→微细处理→漂白处理→脱水→混合→真空处理→挤丝→预煮→冷却→强风冷干→烘干→包装→入库。

2. 操作要点

(1)原料要求和处理:选用新鲜、无腐烂、淀粉含量高、充分成熟的红薯为原料。将红薯送入清洗机内,清洗泥沙,依靠机械作用和红薯之间的挤擦滚动去皮。

(2)磨浆:洗净的红薯送入磨浆机内磨浆去渣。

(3)淀粉分离:在浆液中加入少量酸,调整 pH 至淀粉等电点,加速淀粉自然沉降速度,使得淀粉与水和杂质分离。

(4)细微化处理:利用胶体磨将分离出的淀粉进一步磨细,得到细度均匀的淀粉。

(5)漂白处理:向淀粉浆中加入适量的碱去除淀粉浆液中的色素和杂质,再加酸去除淀粉浆中蛋白质并中和残留碱,抑制褐变,搅拌后静置沉淀,清除上浮杂质,得无杂质洁白淀粉。

(6)脱水:日晒或烘干脱水,至含水量达 35% 左右。

(7)混合:配方为红薯粉 97.00%,明矾 0.15%,单甘酯 0.05%,氢氧化钙 0.10%,食盐 2.7%,少量温水(40℃～50℃)溶解占淀粉总量 3%～4% 的红薯淀粉,充分拌匀,加入沸水中并迅速搅拌至透明黏稠状态(打芡)。将单甘酯、明矾等添加剂溶解,与剩下的97%左右的淀粉与芡糊倒入混合机中,混合均匀,淀粉团含水量在35%～40%之间。

(8)真空脱气:真空搅拌脱气机内除去淀粉团内大多数空气,防止在漏粉和煮粉时在粉丝内形成气泡或孔洞,影响红薯粉丝品质。

(9)漏粉、煮粉:将淀粉团投入漏粉机内漏粉。粉条的粗细通过调节漏粉机与煮锅高度差、漏粉勺的孔径来调节。煮锅内的水要烧开之后才能开始漏粉。煮粉使淀粉糊化成熟。

(10)冷却:只有待粉条浮上水面时,方可捞出放入冷水中回生定型。

(11)强风风干:剪成规定长度晾挂,用大功率电风扇强风风干粉条表面水分和初步干燥。

(12)热风干燥:分三个阶段干燥,前期30℃～40℃,主干期40℃～60℃,后期40℃至室温,达到规定的含水量后包装入库。

3.主要质量指标

(1)感官指标:色泽晶莹剔透,色泽一致,外表有光泽,粗细一致、无杂质、无斑点。滋味:具有红薯粉丝应有的滋味,无异味。复水性:煮泡6～8分钟不夹生,有韧性、咬劲,久煮不糊。

(2)理化指标:净重400±10克/袋、水分含量≤14%,断条率<5%,酸度≤1.0,粉条直径1～1.5毫米。

(3)卫生指标:细菌总数<50000个/100克,大肠菌群<30个/100克,致病菌不得检出。

4.主要设备

磨浆机、胶体磨、真空搅拌机、振动漏粉机、蒸煮锅、热风干燥设备。

(二)红薯脯

1. 工艺流程

清洗→去皮→切条→护色→硬化→1次糖煮→2次糖煮→3次糖煮→沥干→烘干→回软→包装。

2. 操作要点

(1)原料处理:同于红薯粉丝。

(2)切条:手工切条或切条机切条。

(3)护色:红薯浸泡在护色液中25~30分钟,防止无益褐变发生。护色液组成:0.045%的偏重亚硫酸钠和0.1%的柠檬酸。

(4)硬化:为防止红薯条在糖煮过程中软烂,用0.5%氯化钙溶液浸泡5~6小时硬化处理。

(5)糖煮:为了使红薯充分"吃糖",采取3次煮糖工艺。糖浓度的选择考虑到两个方面:一是能使产品耐贮藏;二是甜度大众化。第一次煮糖浓度以30%为宜,第三次煮制后含糖55%左右。煮糖时还可以加入0.2%的柠檬酸。

(6)沥干、烘干:捞出沥干,隧道式热风干燥器烘干,65℃左右,6~10小时,即可达到指标,烘干时注意烘干条件一致。

(7)回软:即水分平衡过程。刚烘干的果脯若直接包装,常会在袋上形成雾甚至水珠,从而影响产品外观。

(8)包装:真空包装以延长保质期。

3. 主要质量指标

(1)感官指标:色泽金黄透明、无返砂现象。口感:甜度适中,略带酸味,有咬劲。滋味:有红薯特有滋味。

(2)理化指标:水分14%~17%,总糖50%~60%(转化糖60%~80%),总酸0.1%~0.5%。

4. 主要设备

夹层锅、隧道式干燥设备、真空包装机。

(三) 红薯虾片

1. 工艺流程

配料→搓条→蒸熟→冷却→切片→干燥→油炸→包装。

2. 操作要点

(1) 配料:90% 的红薯淀粉,10% 虾仁及佐料,加 20% ~25% 水分混合。

(2) 搓条:搓成圆柱形条状。

(3) 蒸熟:搓好的条坯蒸煮锅内蒸 40~60 分钟,使淀粉充分糊化。

(4) 冷却:常温下冷却至不粘手,料坯固化能切成片。

(5) 干燥:将料坯切成 2 毫米的薄片,45℃左右干燥 6~7 小时,使坯含水量达到 8% ~12% 。

(6) 油炸:190℃油炸 15~20 秒钟。

3. 主要质量指标

(1) 感官指标:色泽橙红。滋味:虾香味,松脆。

(2) 理化指标:水分≤7.0% ,蛋白质 7.6% ,灰分6.3% 。

4. 主要设备

蒸煮锅、干燥设备、油炸锅。

三、马铃薯加工

(一) 油炸马铃薯片

1. 工艺流程

马铃薯→清洗→去皮→切片→去水→护色→漂洗→离心

脱水→混合涂抹→微波烘烤→调味→包装→成品。

2. 操作要点

(1)原料处理:将皮薄、芽眼浅、表面光滑的不生芽的土豆用清水清洗,洗掉马铃薯表面污物。机械去皮,检查有无腐烂变质部分。

(2)切片:切片是比较关键的加工工序。片的厚薄直接关系到产品的烘烤时间和色泽的一致性,同时,油榨时与含油率、酥脆性有很大关系。片越薄,含油率越高,呈油透明状,不松脆。马铃薯片厚一般为1.8～2.6毫米,含油率较低,且产品松脆可口,色泽均匀。

(3)去水:鲜薯片含水85%,用1%盐水浸泡3～5分钟可使含水量下降到75%左右。

(4)护色:用0.045%的偏重亚硫酸钠和0.1%柠檬酸配成护色液浸泡薯片30分钟左右,防止褐变产生。

(5)漂洗脱水:清水冲洗薯片至无咸味。离心脱水1～2分钟去掉表面水分。

(6)混合涂抹:以薯片重量计,加入大豆蛋白粉1%、碳酸氢钠0.25%、植物油2%,充分拌合,静止约10分钟,即可烘烤。

(7)微波烘烤:薯片单层摆放在方格烤盘上,传送入烤箱,预热3～4分钟除去游离水,再进入主烤阶段,整个烘烤过程10分钟左右完成。微波烘烤具有快、省油、便于调控和产品风味好的优点。

(8)调味:将调味料和香料细粉撒拌在薯片上,混匀,或将食用香精喷涂在薯片上。味型有:奶油味、麻辣味、孜然味、咖喱味等。

（9）包装：铝塑复合膜袋充氮包装。

3. 主要质量指标

（1）感官指标：色泽淡黄色。滋气味：调味品不同、滋气味不同，口感酥松脆。

（2）理化指标：水分≤7.0%，含油≤2%。

4. 主要设备

切片机、离心脱水机、微波烘烤炉、包装机。

（二）马铃薯全粉

1. 工艺流程

马铃薯→清洗→去皮→切片→预煮→蒸料→绞泥→干燥→包装。

2. 操作要点

（1）原料处理：新鲜马铃薯以清水冲洗去泥沙，在稀酒精溶液中作短时处理，剥皮机去皮，冲洗干净。

（2）切片、预煮：切成约1.6厘米厚的片，置60℃～80℃的温水中浸泡15～30分钟，让细胞充分吸水，在加工过程中不被破坏，使淀粉粒仍旧包含在细胞膜内，不致成为糊状。然后在25℃以下水中冷却20分钟以上。

（3）蒸料、绞泥：100℃蒸汽蒸熟，添加护色剂（酸性亚硫酸钠和亚硫酸钠以1:3配比混合，溶于水后，浓度为10%的水溶液）、植物油、维生素C，混合后用螺旋挤压机绞成泥状。

（4）干燥：经转筒干燥机干燥后，制得片状马铃薯。

（5）包装：塑料袋包装。

3. 主要设备

蒸煮锅、螺旋挤压机、转筒干燥机。

四、玉 米 加 工

(一)甜玉米软罐头

1. 工艺流程

原料验收→剥壳去穗丝→钻孔→预煮→漂洗→整理→装袋→封口→杀菌→冷却→干燥→成品。

2. 操作要点

(1)原料验收:甜玉米原料要求颗粒饱满、色泽由淡黄变为金黄色的乳熟期玉米,无病虫害和花斑。

(2)剥叶去须:将玉米剥去苞叶,并除尽玉米须。

(3)钻孔:将玉米剥去包皮,除掉玉米须,纵向在芯部用钻孔机开一直径为 5~30 毫米的孔洞,便于传热,充分对玉米棒内部组织杀菌。水洗去渣。

(4)预煮:沸水下锅煮 8~10 分钟,锅内加 0.1% 的柠檬酸和 1% 食盐。预煮使酶失活,排除组织内空气。流动水急速冷却漂洗 5~10 分钟。

(5)整理:将玉米棒切除两端,每棒长度基本一致,控制在 16~18 厘米。

(6)装袋封口:按长度、粗细基本一致的两棒装入一个蒸煮袋中,在 0.08~0.09 兆帕下抽气密封。

(7)杀菌、冷却:121℃下 25~30 分钟杀菌,再冷却到 40℃以下。袋内水分在加热时会膨胀,为防止破袋,采用反压冷却。

(8)干燥:杀菌后袋外有水,热风烘干以免再度污染。

3. 主要质量指标

感官指标:色泽金黄色。滋气味:具有玉米特有的香味,完全煮熟,无牙碜、无异味。

4. 主要设备

夹层锅、钻孔机、杀菌锅、真空封口机。

(二)甜玉米笋罐头

1. 工艺流程

玉米笋→去苞叶、穗须→修整→漂洗→热烫→冷却→装罐→加汤汁→排气→密封→杀菌→冷却→擦罐→保温检验→包装。

2. 操作要点

(1)原料选择和处理:分期分批采收未授粉的甜玉米果穗,选择无病虫害、无伤缺的正常玉米笋,除去苞叶、穗须,切除穗柄,修成 6～11 厘米长度,放入含有 0.1% 氯化钙和 50～100毫克/升的亚硫酸氢钠混合液中浸泡 5～10 分钟。清水漂洗干净。

(2)热烫:笋尖向上装入钢丝篮中,笋尖留 1/3,其余部分浸入98℃～100℃、0.1%的柠檬酸溶液中,笋长≥7 厘米的热烫 6～7分钟,笋长 < 7 厘米的热烫 5～6 分钟。热烫后用流动冷水冷却。

(3)装罐加汤:笋径和笋长基本一致的装在一个罐。笋径直径最大与最小之差≤5 毫米,笋长最长与最短之差≤20 毫米。将1%食盐、2%～4%白糖、0.2%维生素 C、95%～97%的水,充分混合加热溶解至沸,然后采用热灌装,将 90℃左右汤料注入笋罐内,以浸泡笋尖为宜。

（4）排气密封：灌汤以后，温度控制在80℃以上，排气15～18分钟。用封盖设备封盖。

（5）杀菌冷却：封盖后的甜玉米笋罐头采用高压杀菌，杀菌温度、时间根据罐型不同而定。7114号罐（净重425克）5′－25′－7′/118℃，8113号罐（净重540克）7′－27′－10′/120℃。冷却后罐中心温度为38℃～40℃，利用余热去除罐外残留水分。入库保温检验，合格者包装出厂。

3. 主要质量指标

（1）感官指标：色泽呈淡黄色或金黄色、色泽均匀。滋气味具有甜玉米笋罐头应有的滋味与气味。

组织状态细嫩，保留笋尖，大小均匀，汤汁清晰。

杂质：允许汤汁或甜玉米笋上带有极少量玉米须，不允许其他杂质。

（2）理化指标：固形物不低于净重的50%，氯化钠0.5%～1.2%，重金属：锡≤150毫克/千克，铜≤5毫克/千克，铅≤1毫克/千克，砷≤1毫克/千克。

4. 主要设备

夹层锅、封罐设备、卧式高压杀菌锅。

（三）甜玉米饮料

1. 工艺流程

原料验收→剥壳去花丝→脱粒→浸泡→打浆→粗滤→细滤→调配→均质→高温灭菌→无菌包装→检验→成品。

2. 操作要点

（1）原料验收：以"甜玉米四号"为原料，在乳熟期，即授粉16～20天采摘，该期甜玉米水分达70%左右，营养物质积累丰富,适口性好,风味也最佳,适合作饮料生产原料。

(2)预处理:剥去外壳,除去花须,机械脱粒。

(3)浸泡:玉米粒在水中浸泡6~10小时,玉米充分吸水。

(4)打浆筛滤:磨浆机打浆,水:玉米=8:1~10:1,采取两次过滤,振动筛粗滤和细滤。

(5)调配均质:加糖、酸、香精等辅料,调整pH值为5.5~6.5,固形物12白利糖度,二次均质,压力10~40兆帕,料温40℃~50℃为佳。

(6)高温灭菌:高温杀菌设备115℃下杀菌。

(7)无菌包装:高温杀菌冷却后进入无菌灌装系统灌装。

3. 主要质量指标

(1)感官指标:色泽乳黄色。滋味:甜玉米特有香味,清爽,甜酸适口。

(2)理化指标:可溶性固形物12克/100毫升。

(3)卫生指标:细菌总数≤100个/毫升,大肠菌群≤6个/100毫升,致病菌不得检出。

4. 主要设备

磨浆机、振动筛、均质机、高温杀菌设备、无菌灌装系统。

五、豆制品加工

(一)豆奶

1. 工艺流程

大豆→清洗→浸泡→磨浆→浆渣分离→保温灭酶→真空脱臭调配→均质→灌装封口→杀菌→成品。

2. 操作要点

(1)原料选择和处理:应选用蛋白质含量高、当年产的大豆,除去大豆原料中的杂质、霉烂和虫蛀豆。陈豆将影响产品得率与风味。

(2)浸泡:一般用冷水浸泡 8 ~ 12 小时,气温较低时可适当延长浸泡时间,大规模生产时也可采用热水浸泡,水温 95℃时浸泡 5 分钟。

(3)磨浆、浆渣分离:用磨浆机磨浆,该机磨浆与浆渣分离同时进行。磨浆时加水量为 1 千克干豆加水 6 ~ 7 千克。

(4)保温灭酶:将豆浆以直接蒸汽喷入法或套管式热交换器加热至 85℃ ~ 90℃、保温 15 ~ 20 分钟,确保导致豆腥味的脂肪氧化酶彻底破坏。

(5)真空脱臭:利用真空脱气设备在 0.06 ~ 0.08 兆帕真空度下脱臭,注意形成暴沸时应适当调低真空度,以免真空泵抽走豆浆,影响出品率。

(6)调配:测定豆浆蛋白质含量,加水将豆浆蛋白质含量调整至 3% 左右(水分与干豆之比为 7∶1 时,豆浆蛋白质含量一般在 3% 以上,可不必调节)。加入 1.0% 的精炼植物油、0.5% 的单甘酯、5% 的蔗糖。注意植物油与单甘酯先与 4% 左右豆浆混合加热搅拌,形成均匀乳化状态后再加入。

(7)均质:在 13 ~ 23 兆帕压力下均质。条件允许时最好均质两次,使豆奶形成良好细腻的口感。

(8)包装杀菌:可采用聚乙烯袋、耐温耐压塑料瓶和易拉罐等包装。用聚乙烯袋包装时应在包装之前杀菌,杀菌条件为 95℃,15 分钟,产品为巴氏杀菌豆奶。根据设备包装条件不同,产品保质期为 5 ~ 20 天(4℃以下贮藏)。用耐温耐压塑料瓶或易拉罐包装时,杀菌在包装之后,杀菌温度一般为 121℃,杀菌时间根据包装大小不同为 15 ~ 30 分钟,保质期 6 个月以上。

3. 主要质量指标

(1)感官指标:产品乳白至微黄,口感细腻。

(2)理化指标:蛋白质含量≥3%,可溶性固形物≥10%。

(3)卫生指标:巴氏杀菌豆奶:大肠菌群 ≤90 个/100 毫升,菌落总数 ≤30000 个/毫升,致病菌不得检出。灭菌豆奶:符合商业无菌要求。

4. 主要设备

磨浆机、真空脱气设备、均质机、灌装封口机、套管式热交换器、高压灭菌设备、保温缸、调配罐。

(二)酸豆奶

系指豆奶经乳酸发酵后制得的产品。

1. 工艺流程

豆奶→调配→杀菌→接种→灌装→培养→后熟→成品

　　　　　　　　　　↑

生产发酵剂←母发酵剂←菌种

2. 操作要点

(1)豆奶:系指按豆奶生产工艺生产至均质后的产品。

(2)调配:为了酸豆奶具有酸甜适口的风味,应在豆奶中另加 5% 左右的蔗糖,另外,可添加 0.5% 左右的琼脂(也可用明胶、果胶代替),以防止豆奶乳清析出。琼脂应在沸水中溶解后加入。

（3）杀菌：用套管式或板式热交换器加热杀菌，杀菌条件为90℃，30分钟，经杀菌的豆奶应迅速冷却至43℃左右。

（4）母发酵剂制备：取脱脂乳粉1份（重量）加7份水（重量）加热搅拌制成脱脂乳，取100～300毫升（同样两份）装入玻璃三角瓶中，塞上棉塞后，在115℃下灭菌15分钟，冷却至40℃左右，用无菌吸管吸取适量（为母发酵剂量的1%左右）脱脂奶管培养的保加利亚乳杆菌接入上述无菌脱脂奶中，将三角瓶放入恒温培养箱中43℃下培养，一般经4～7小时左右，脱脂奶凝固即可取出备用。若采用多菌种发酵，母发酵剂最好每个菌种单独制作。制作方法，与上述方法类似，但需培养的温度时间略有不同，如嗜热链球菌培养的条件为37℃，12小时左右。菌种可在中国菌种保藏中心或相关研究所购得。酸豆奶发酵一般选用保加利亚乳杆菌和嗜热链球菌1∶1的混合物。

（5）生产发酵剂制备：取相当于酸豆奶生产量（重量）1%～3%的脱脂乳，煮沸30分钟，立即冷却至37℃左右，然后无菌操作添加母发酵剂（相当于生产发酵总量的1%）。采用两种或多菌种发酵时，每一母发酵剂应按所需比例加入。加入后充分搅拌，均匀混合，然后在所需温度下（一般37℃～43℃）保温培养，酸度达到0.8%～1.0%（以乳酸汁）取出，放入冷库中备用。不便测定酸度时，培养终点的确定以脱脂奶较好的凝固为度。

（6）接种：将生产发酵剂接入经杀菌冷却的豆奶中，充分搅拌混合，接种量为豆奶总量的1%～3%。

（7）灌装：将已接种的豆奶灌入塑料杯中或其他容器中，

封口。一般采用容量为160毫升左右塑料杯或陶瓷瓶包装。

（8）培养：在37℃～43℃下培养，待豆奶较好凝固，pH值在3.5～4.5时取出，及时移入4℃左右的冷库中保存。培养时间因接种量、菌种、培养温度不同而异，一般至少需10～15小时。

（9）后熟：在4℃冷库中至少存放4小时以上才可出库，后熟过程中酸豆奶酸度会进一步升高。

（10）成品：经后熟后即为成品。成品在运输、销售、贮存过程中均应低温（4℃左右）保存，保质期7天左右。

3. 主要质量指标

（1）感官指标：色泽均匀一致，呈乳黄色，具有酸豆奶特有的滋气味，无酒精发酵味，霉味和不良气味，凝块均匀细腻，无气泡，允许少量乳清析出。

（2）理化指标：蛋白质≥3.0%，可溶性固形物≥11.50%，酸度（°T）：70.0～110.0。

（3）卫生指标：大肠菌群≤90个/100毫升，致病菌不得检出。

4. 主要设备

豆奶生产设备、恒温培养箱、杯式灌装机、冰箱、冷藏库、不锈钢罐（1000～2000升，带搅拌器）。

（三）速溶豆奶粉

1. 工艺流程

豆奶→调配→pH值调整→浓缩→喷雾干燥→流化冷却→包装。

2. 操作要点

（1）豆奶：其生产工艺与"（一）豆奶"生产工艺完全相同，但未经包装。

（2）调配：添加相当于豆奶总量5%～10%的蔗糖，相当于豆奶固形物3%～20%的酪蛋白钠，相当于豆奶固形物10%以下的蔗糖脂肪酸酯，搅拌均匀，以提高其速溶性。

（3）pH值调整：用碱剂调整豆奶pH值至7.2左右，常用碱剂有碳酸钠、磷酸氢钠、氢氧化钠等。

（4）浓缩：采用50℃～55℃，80～93千帕的真空度浓缩，浓缩豆奶干物质含量达到40%左右时即为浓缩终点。

（5）喷雾干燥：它是豆奶粉的关键生产工序。浓缩豆奶从真空浓缩设备中卸出时，品温大致在45℃左右，应立即干燥。一般进风温度控制在150℃～160℃；排风温度80℃～90℃为宜。

（6）流化冷却：喷雾干燥后粉体较热，应立即用流化床冷却，及时将粉温降至室温，并将豆奶粉含水量控制在3%以下。

（7）包装：可根据商业需要包装，最好采用充氮包装。

3. 主要质量指标

（1）感官指标：淡黄或乳白色，粉状，无结块，无硬粒，无焦粉，具有大豆特有的香味及该品种特有的风味，口味纯正，基本无豆腥、苦涩味，冲调后易溶解、无杂质。

（2）理化指标：水分≤3.0%、蛋白质≥18.0%、脂肪≥8.0%、总糖≤55.0%、溶解度≥97.0%、酸度（乳酸计）≤10.0克/千克、灰分≤3.0%。

（3）卫生指标：细菌总数≤30000个/克，大肠菌群≤90个/100克，致病菌不得检出。

4. 主要设备

双效降膜浓缩设备、喷雾干燥塔(卧式或离心式)、流化干燥床。

(四)腐竹

1. 生产工艺

原料大豆→清洗→脱皮→浸泡→磨浆与浆渣分离→煮浆→揭竹→烘干→包装→成品。

2. 操作要点

(1)脱皮:将大豆烘干,控制其水分含量在9.5%～10%,通过大豆脱皮机破碎脱皮。

(2)煮浆:将调好的豆浆输入煮浆池,用蒸汽直接将浆温升至100℃维持2～3分钟。

(3)制浆:制浆各工序与豆奶生产相似,但磨浆时加水量应严格控制,使豆浆浓度控制在65%～75%范围内,豆浆浓度过低则结皮慢,耗能多,过高会影响腐竹质量。

(4)揭竹:先将沸浆抹去白沫,打入平底腐竹成形锅内,用蒸汽或热水将豆浆保温在82±2℃范围内,由于豆浆表面水分蒸发,蛋白质与脂肪等将凝结形成一层淡黄色薄膜,当膜厚增至0.6～1.0毫米时,用竹竿沿锅边挑起即为湿腐竹,每隔6～10分钟即可挑起一层,如此往复,直到锅内浆尽为止。

(5)烘干:湿腐竹搭在竹竿上沥尽豆浆后,应及时在暖房中或烘干设备中烘干,采用暖房烘干时,烘干温度为35℃～45℃,连续干燥时间8～10小时,暖房应安装通风排湿装置。烘干后腐竹含水量应控制在7%左右。

(6)包装:采用塑料袋封装。

3. 主要质量指标

（1）感官指标：浅黄色有光泽，味正，支条均匀，有空心，无杂质。

（2）理化指标：水 ≤10.00 克/100 克,蛋白质 ≥40.0 克/100 克,脂肪 ≥20.00 克/100 克。

4. 主要设备

大豆脱皮机、腐竹成形锅、暖房（附排湿装置）等。

六、低温冷榨油加工（以花生油为例）

1. 工艺流程

花生仁→烘干→破碎→去红衣→榨油→静置沉降→过滤→装瓶→成品。

2. 操作要点

（1）原料选择：籽粒饱满，含脂高于 50%，无霉变。

（2）烘干：一般花生仁含水率在 9%～12%，为提高出油率和去红衣，将花生仁烘干到含水量在 5%～6%。

（3）破碎：破碎机破碎，每粒最好破成 2 瓣。

（4）去红衣：鼓风机去红衣。

（5）榨油：用螺旋榨油机榨油。榨油之前，让榨油机空转，同时对榨油膛电加热，使温度达到 100℃后投料。榨油机运转正常后，关闭电加热，若不预热会阻塞榨油机。正常运转后，油膛应不高于 600℃，出油率可达 30%。

（6）静置沉降：榨油后自然沉降 2～3 天。

（7）过滤：板框式压滤机过滤。在油中加入 1% 硅藻土以防止阻塞过滤板。

（8）装瓶：装入聚酯瓶中。

3. 主要质量指标（一级油）

（1）感官指标：色泽（罗维月比色汁英才槽）≤黄25红2，滋气味：具有花生油固有的气味和滋味、无异味。

（2）理化指标：酸价（氢氧化钾）≤1.0毫克/克，水分、挥发物≤0.10%，杂质≤0.10%，加热试验（280℃）油色不得变深，无析出物。

4. 主要设备

破碎机、鼓风机、螺旋榨油机、过滤设备、灌装设备等。

第三章　畜禽产品加工

一、肉制品加工

（一）乡里腊肉

1. 工艺流程

选料→切块→配制腌料→腌制→清洗→晾晒→涂酱油→晾晒→熏制→冷凉→包装。

2. 操作要点

（1）选料：选用经卫生检验合格、皮薄肉嫩的新鲜猪肉或冻肉（冻肉在15℃条件下解冻24小时）为原料。

（2）切块：剔除骨头，切成宽5~6厘米、长30厘米、重750克左右的肉坯条，并注意肥瘦搭配。用尖刀在肉条上穿一小孔，便于悬挂。

（3）配制腌料：

配方：猪肉100千克，食盐3千克，白糖1千克，白酒0.5千克，味精150克。

配制：将食盐、白糖和味精混合均匀即可。

（4）腌制：将配好的腌料均匀地撒在肉面上，充分揉搓，使腌料尽快渗入肉内。然后一层一层摆好压紧,每铺一层用喷水壶装入白酒喷在肉面上,最上一层多撒些腌料。腌4～5天,每天翻缸一次。

(5)洗肉坯:用干净的清水清洗肉条表面的污物和盐分,以防肉质腐败和肉坯表面析出盐霜。

(6)晾晒或烘干:将洗好后的肉条表面晒干或烘干。

(7)涂酱油:选用优质浓缩酱油,用清洁的水按1:1稀释后,将肉条逐一浸泡片刻,然后提起沥干。

(8)晾晒或烘干:将肉条上的酱液晒干或烘干,防止上色不匀。

(9)熏制:熏房可根据生产量设计。熏料可选用杉木、梨木、不含树脂的阔叶树类的锯屑、统糠、枫球、瓜子壳、花生壳等。熏料的含水量一般应在20%以下。一般熏制100千克肉条约需木炭8～9千克,锯屑12～14千克。先用70℃左右的温度烘3～4小时,将肉条烘干,然后降至50℃～55℃熏40小时左右,至肉条酱黄、油光发亮为止。熏料分次加入,熏20小时左右,将肉坯上下调换,使之熏烟均匀。

(10)冷凉:肉条熏好后凉透,防止包装时袋内产生雾气。

(11)包装:将凉透的腊肉整形,用真空袋包装封口。750克鲜肉熏好后约得500克腊肉。

3. 主要质量指标

(1)感官指标:皮色酱黄,肌肉橙红,具有浓郁的烟熏香味和咸淡适宜的风味,保藏期为半年。

(2)理化指标:水分≤25%,食盐≤3%,酸价(脂肪)≤4毫克/克。

4. 主要设备

熏房、屠宰刀具、真空包装机等。

（二）火腿

1. 工艺流程

选料→修整→腌制→浸洗→整形→晒腿→发酵→保藏。

2. 操作要点

（1）选料：一般用健康、新鲜的猪后腿,鲜重 4～7 千克为宜。

（2）修整：刮净腿皮上的细毛、黑皮,割掉多余的油脂、油膜。削平突出的骨头,露出肌肉。挤出残留的淤血,将鲜腿修整为琵琶形。

（3）腌制：腌制火腿的气温以 3℃～10℃ 最好。一般需擦盐和倒堆 7 次。

配料：100 千克鲜腿,10 千克食盐,50 克硝酸钠。

第一次上盐：将鲜腿重量的 1.25% 的食盐均匀地撒在腿面上,用手使劲揉搓,使盐尽快渗入肉内,然后放在木架上堆叠起来,在 10℃ 左右可堆 8～10 层,使火腿受压均匀,腌 24 小时左右。若气温为 20℃,腌 12 小时左右。

第二次上盐：用盐量为腿重 3.8%。先用手挤出血管中的淤血,在腰椎骨、耻骨关节、大腿上部肌肉较厚处先抹少许硝酸钠,然后在这三个部位多涂抹一些盐,擦盐后,将腿上下倒换堆叠腌 3 天。

第三次上盐：用盐量为腿重 1.8%。根据不同部位腌制情况多加盐,再上下倒换堆叠腌 4～5 天。

第四次上盐：用盐量为腿重的 1.2%。用竹签插入腿内检查腌制情况,在插竹签的地方多加些盐腌7天左右。

第五次、第六次复盐:腌制间隔时间为7天,两次用盐量均为腿重的0.4%。重点部位是插竹签的地方和骨头处。若腿用手按压时,肌肉有充实坚硬的感觉,小腿部呈橘红色,且坚硬,说明已腌透。对于腿重6千克以上的,还要进行第七次复盐。

(4)浸洗:将腌好后的腿坯于清水中浸泡,肉面向下,全部浸入水面下。气温16℃左右时,浸泡10小时。如果浸泡时发现腿坯颜色发白,且坚硬,说明含盐量高,需多浸一些时间;若腿坯颜色发暗,说明含盐量低,可少浸一些时间。浸泡后用刷子刷洗油腻、污物及腐败物,刮净残余的毛,洗刷至腿身清洁,肌肉表面露出红色为止。然后再同前述方法将腿坯放入清水中进行第二次浸漂。气温在10℃时约浸4小时,气温高时则只浸2小时。

(5)整形:用绳吊在晾架上,经4小时后肉面微干,即可打印商标,再晾晒3～4小时,腿皮微干,肉面尚软时开始整形。方法为将小腿骨校直,脚爪弯曲,皮面压平,将肉向腿心挤拢,使其饱满,外形美观。

(6)晒腿:用竹竿木架将腿挂在太阳下晾晒。根据气温的不同晒3～6天,晒至皮紧,红(黄)亮,皮下脂肪白洁,形态固定,肌肉坚实、发香为止。如遇阴雨天,腿上有黏液时应立即揩去,严重者重新洗晒。

(7)发酵:将腿按大小逐只挂于木架上,腿间间距5～7厘米,离地2米,放置2～3个月,当肉面上渐渐长出绿、白、黑和黄色霉菌时,表明发酵完成。若毛霉生长较少,则表明发酵不够,需继续发酵。发酵完后将腿上的毛霉刷去。削去晒制、发酵过程中所突出的骨头,再修整腿皮,使其腿直,腿形美观。然后继续发酵至农历7月初,依次取出刷去毛霉、灰尘等,分大、中、小分别堆叠,每堆不超过15只,腿面向上,皮面向下,每隔5~7天,上下翻堆一次。

(8)保存:将成品挂于通风良好、无阳光的房内。为防止水分蒸发、虫蛆叮咬、长霉及产生哈喇味,可用动物胶、面粉加水调成糊状,涂于肉面封闭火腿。

3. 主要质量指标(一级鲜度)

(1)感官指标:肌肉切面呈深玫瑰色或桃红色,脂肪切面白色或微红色,有光泽。组织致密结实,切面平整,具有火腿特有香味或香味平淡。

(2)理化指标:亚硝酸盐≤20毫克/千克,过氧化值≤20毫克/千克,三甲胺氮≤20毫克/千克。

4. 主要设施

刀具、晾架等。

(三)香肠

1. 工艺流程

选料→清洗→切肉→拌馅→灌肠→刺孔→扎结→漂洗→烘烤→包装。

(1)选料:一般以健康猪后腿肉和臀肉、背脊肥肉为最佳,也可选用其他部位的肉。

(2)清洗:用干净的水洗去附在肉面上的血迹、污物等。

(3)切肉:用刀或切肉机将肉切成1~1.2厘米的立方块。

(4)拌馅:配方为瘦肉80千克,肥肉20千克,食盐2.5千克,白糖 1 千克,味精 0.2 千克,白酒 1 千克,硝酸钠 0.03 千克,五香粉 0.15 千克。

方法:将白糖、食盐、味精、硝酸钠、五香粉用温水溶解,用水量为肉重的 6% 左右,溶解冷凉后再加入白酒。然后将此溶液加入肉馅中充分搅匀。

(5)灌肠:一般用猪小肠肠衣,用灌肠机或手工灌馅。注意灌馅松紧适宜。

(6)刺孔:灌馅过程中边用针刺孔排气,以保证灌馅均匀,防止脂肪氧化。

(7)扎结:用铝丝或绳将香肠每 14～16 厘米扎成一节。

(8)漂洗:用 60℃～70℃ 温水洗去香肠表面上的料液和油污,然后于凉水中冲凉,使香肠表面整洁。

(9)烘烤:先于 60℃ 下烘 12 小时后,上下调换再烘 12 小时,然后缓缓降至 45℃ 左右烘 3 小时即可。

(10)包装:根据包装规格,用真空袋包装封口即为成品。

3. 主要质量指标(一级鲜度)

(1)感官指标:肠衣干燥完整且紧贴肉馅,无黏液及霉点,坚实或有弹性。切面坚实,切面肉馅有光泽,肌肉呈红色,脂肪白色或微带红色。具有香肠固有的香味。

(2)理化指标:食盐≤3%,亚硝酸盐≤20 毫克/千克,含水量≤25%,酸价脂肪≤4 毫克/克。

(3)微生物指标(销售时):细菌总数≤5×10^4 个/克,大肠菌群≤150 个/100 克,致病菌不得检出。

4. 主要设备

切肉机、灌肠机、烘房等。

（四）低温火腿

1. 工艺流程

原料肉→预处理→盐水注射→滚揉→冷藏→分割→斩拌→灌肠→煮制杀菌→冷却→低温保藏。

2. 操作要点

（1）原料处理：新鲜猪肉（瘦：肥 = 8:2）：牛肉 = 7:3，用清水洗净，挤出组织中残留血液，修尽筋腱、碎骨、油膜。

（2）腌制：将食盐配成饱和溶液，亚硝酸盐和磷酸盐分别配成适当浓度。用盐水注射器将上述溶液注入猪牛肉内，加入量（以肉的重量计）为：食盐 2.0%，亚硝酸盐 0.015%，磷酸盐 0.5%，再用按摩滚揉机滚揉，使腌制液在肌肉内能迅速扩散，均匀渗透，促使肌肉自溶早熟，然后放置在 0℃ ~ 4℃冷库中静置 36 ~ 48 小时。

（3）分割、斩拌：将腌制好的肉分割成 3 ~ 4 厘米 × 4 ~ 5 厘米的块状，移入斩拌机内，并加以下辅料：味精 0.4%，肉蔻 0.1%，胡椒 0.3%，淀粉 4%，大蒜 0.5%，芫荽籽粉 0.2%，冰块状 20%。以上配料均以原料肉的重量计。斩拌速度由慢到快，斩拌温度控制在 20℃以下。

（4）灌肠：用塑料肠衣真空灌肠。尽量缩短停留时间，及时煮制。

（5）煮制：直径 4 ~ 5 厘米、重 250 克的火腿肠杀菌公式：30℃ - 25℃ - 30℃/73℃。

（6）低温贮藏：0℃ ~ 4℃低温保藏。

3. 主要质量指标

（1）感官指标：外形良好，标签规整，无污垢，不破损，无汁液;切片呈红色或玫瑰色,色泽一致,有光泽;组织致密,有弹性,切片性能好,切面无直径大于 5 毫米的气孔,无汁液,无异物;风味爽口,咸淡适中,滋味鲜美,无异味。

(2)理化指标:水分:75% ~80%;含盐量:1.5% ~3.5%;蛋白质≥14%;脂肪≤15%;淀粉≤4%;亚硝酸盐≤70 毫克/千克;复合磷酸盐≤8.0 毫克/千克;铅≤1.0 毫克/千克。

(3)微生物指标:细菌总数≤10000 个/克,大肠菌群≤40个/100 克,致病菌不得检出。

4. 主要设备

盐水注射器、低温腌制室、按摩滚揉机、灌肠机、蒸煮锅。

(五)兔肉脯

1. 工艺流程

兔肉去骨→检验→整理→配料→斩拌→摊盘→烘干→熟制→压片→质量检验→包装→成品。

2. 操作要点

(1)检验:兔肉应符合国家有关卫生标准。

(2)整理:剔去剩余的碎骨、皮下脂肪、筋膜肌腱、血污和淋巴结等。然后切成 3 ~5 立方厘米的小块。

(3)配料:配方为兔肉 100 千克,白糖 2 千克,食盐 2.8 千克,味精 0.2 千克,亚硝酸钠 0.03 千克,胡椒粉 0.1 千克,五香粉 0.15 千克,鸡蛋 3 千克,白酒 2 千克,特级酱油 5 千克,猪肥膘 5 千克,生姜汁 1 千克。

(4)斩拌:用斩拌机将兔肉快速斩拌成肉糜,边斩边加入各种配料,并加入适量的水,以调整黏度,便于摊盘。

(5)摊盘:斩拌后的肉糜静置 20 分钟左右,使各种配料渗入到肉组织中,摊盘时先将肉抹片,然后用刀抹平。抹片的厚度为 0.2 毫米,厚薄要均匀一致。

(6)烘干:将摊盘后的肉片迅速送入 60℃ ~70℃ 的烘箱或烘房中,烘 2.5 ~4 小时,以有鼓风设备的烘箱或烘房为最好。能顺利揭片时即可揭片翻边烘烤。烤好后取出冷却即为半成品,其含水量为 18% ~20% 。

(7)熟制:将半成品肉脯放入 170℃ ~200℃ 的远红外高温烘烤炉或高温烤箱内烘烤,使半成品高温预热、收缩、出油直至烤熟。当肉片颜色呈棕黄色或棕红色时即为成熟。然后迅速出箱,用平板重压,使肉脯平展。成品肉脯水分不超过 13.5% 。

(8)切片:将压型冷凉后的肉脯切成 8 厘米 ×12 厘米或 4 厘米 × 6 厘米的小片,1 千克肉脯可切 60 ~ 65 片或 120 ~130 片。

(9)包装:将切好片的肉脯放在无菌冷凉室冷却 1 ~2 小时,室内空气经净化处理或消毒杀菌。冷凉透后用真空袋包装封口即可。

3. 主要质量指标

(1)感官指标:棕红色或棕黄色,有光泽、无焦斑,块形大小整齐一致,厚薄均匀,口感咸而发鲜,滋味香甜,无异味。

(2)理化指标:水分≤15% ,食盐≤2.8% ,亚硝酸盐≤30 毫克/千克。

(3)微生物指标:细菌总数≤10000 个/克,大肠菌群≤30 个/100 克,致病菌不得检出。

4. 主要设备

斩拌机、摊盘、远红外高温烘烤炉、切片机、真空包装机等。

二、禽肉制品加工

(一)分割禽肉

随着净菜市场迅速发展,禽类分割小包装越来越受到消费者的欢迎。现就有关分割方法介绍如下:

1. 鹅、鸭的分割方法

第一刀从跗关节取下左、右爪。第二刀从下颌颈椎处平直斩下鹅舌。第三刀从第十五颈椎间斩下颈部,去掉皮下食管、气管及淋巴。第四刀沿胸骨脊左侧由后向前平移开膛,除去内脏,用清水洗去腔内血水。第五刀沿脊椎骨的左侧将其分为两半。第六刀从胸骨端剑状软骨至髋关节前缘的连线将其左右分开,即可分成四块:1 号胸肉,2 号胸肉,3 号腿肉,4 号腿肉。

2. 肉鸡的分割方法

(1)腿部分割:将脱毛去内脏后的光鸡放于平台上,鸡首位于操作者前方,腹部向上。两手将左右大腿向两侧整理少许,左手撑住左腿以稳定鸡体,再用刀将左右腿腹股沟的皮肉割开。用两手把左右腿向脊背拽去,然后侧放于平台,使左腿向上,用刀割断股骨与骨盆间的韧带,再将连接骨盆间的肌肉切开。用左手将鸡体调转方向,腹部向上,鸡首向着操作者,用刀切开骨盆肌肉接近尾部约 3 厘米左右,将刀旋转至脊中线,划开皮下层至第七根肋骨为止,左手持鸡腿,用刀口后部切压闭孔。左手用力将鸡腿向后拉开即完成一腿。同样的方法分割另一腿。

（2）胸部分割：光鸡位于操作者前方，左侧向上。以颈的前面正中线，从咽颌到最后颈椎切开左边颈皮，再切开左肩胛骨。同样切开右颈皮和右肩胛骨。左手握住鸡颈骨，右手食指从第一胸椎向内插入，然后两手用力向相反方向拉。

（3）副产品分割：大翅分割：切开肱骨与鸟缘骨连接处，即成三节鸡翅。鸡爪分割：用剪刀或刀切断胫骨与腓骨的连接处。

（4）分割肉包装与贮藏：分割后用无毒聚乙烯塑料袋分别包装、封口或于净菜市场鲜销或冷冻贮藏。冷冻贮藏方法为：先在0℃～4℃，相对湿度为80%～85%的仓库冷至禽肉温度为3℃时，置于－25℃的冷库在72小时内将禽肉中心温度降至－15℃，然后于－18℃的冷库中贮藏。

（5）鲜（冻）禽肉质量指标：符合GB2710－1996。

（二）三特烤鸡加工

1. 工艺流程

选料→宰杀放血→烫毛、煺毛→去内脏→漂洗→腌制→腔内涂料→腔内填料→整形→浸烫皮料→烤制→涂香油→包装→成品。

2. 操作要点

（1）选料：选用2月龄左右，体重1.5～2千克的肉用健康仔鸡。

（2）宰杀放血：原料鸡在宰杀前要断食12～14小时，断水3小时，以便操作。采用三管切断法，宰杀要快捷，放血干净。

（3）烫毛、煺毛：放血后，夏季用60℃～65℃，冬季用

62℃~65℃的热水浸烫1~2分钟,待各部位羽毛能顺利拔掉时即可煺毛。煺毛时注意不要弄破皮肤。

(4)去内脏:腹下开膛取出全部内脏。

(5)漂洗:于干净的流水中漂洗40~60分钟,浸出残血。

(6)腌制:配料按50千克腌制液计。生姜100克,葱150克,八角150克,花椒100克,香菇50克,食盐8.5千克。先将八角、花椒包入纱布内,与香菇、葱、姜放入水中熬煮,煮沸后将料水倒入腌制缸内,加盐溶解,冷却后即可将处理好的白条鸡放入缸中腌制。上面用压盖压住,以防鸡体上浮。一般腌40~60分钟翻缸一次,共腌2~3小时。腌好后捞出,用清水冲洗表面,然后挂晾。每次腌后,腌液如长时间不用,最好每隔1~2天煮开一次,并过滤冷藏。腌液使用时间越长,腌制的产品质量越好。再次使用时,只需加入适量食盐和香料,调整至浓度为16~17波美度后即可。

(7)腔内涂料:把腌好的光鸡放在工作台上,用圆头棒具挑约5克涂料涂在腔内四壁。

涂料配方:香油100克或精炼油100克,五香粉50克,味精15克,胡椒粉100克。拌匀即可。

(8)腔内填料:每只鸡腔内放生姜2~3片(约10克),葱2~3根(约15克),香菇2块(湿重约10克)。然后用钢针或竹签绞缝腹下刀口,以防腹内汁液外流和填料外漏。

(9)整形:用铁钩钩住鸡的腋下,将鸡颈盘绕于钩上,将两翅反扣成8字形,再用竹签撑开两腿,使其体形美观大方,利于烘烤。

(10)浸烫皮料:将水和饴糖按1:8~10配成溶液,煮开后逐只将光鸡放入皮料中烫半分钟左右,取出挂起晾干。

(11)烤制:一般用远红外线电烤炉,最好挂盘既能公转,又能自转,使鸡体受热均匀。烤制时,先将炉温升至100℃,再将鸡逐只挂入炉内,当炉温升至180℃时,恒温烤15～20分钟,使鸡肉烤熟。然后再将炉温升至240℃,烤5～10分钟,使鸡体上色,并产生香味。当鸡体全身上色均匀,达到成品的金黄色即可出炉。

(12)涂香油:出炉后趁热在鸡皮表面涂上一层香油,即为成品。

3.主要质量指标

(1)感官指标:鸡体金黄色或枣红色均匀,具有特香、特鲜、特嫩三大特色。复合味很强,清爽适口,成品出品率约70%左右。

(2)理化指标:水分约70%,食盐≤3%,苯并(a)芘≤5微克/千克。

(3)细菌总数(销售):≤5×10⁴个/克,大肠菌群100个/100克,致病菌不得检出。

4.主要设备

缸、刀具、远红外线烘烤炉等。

(三)烤鹅(鸭)

1.工艺流程

选料→宰杀、拔毛→烫皮→挂色→填料、灌汤→烤制→成品。

2.操作要点

(1)选料:选用2.5千克以上当年成长并经育肥的健康鹅

(鸭)为原料。

(2)宰杀、拔毛:常法将鹅(鸭)宰杀放血,于62℃～64℃热水中浸烫1分钟左右,并不断翻动,使羽毛尽快透水。趁热拔毛,从翅腋开口取出内脏,用清水冲洗干净,再放入冷水中浸泡1小时左右放血。

(3)烫皮:用100℃的沸水浇淋鹅(鸭)体皮肤,使皮肤紧缩,防止烤制时脂肪流出。

(4)挂色:用饴糖涂抹鹅(鸭)体表全身或用1:5的饴糖水煮开后,浇淋全身,然后放通风处晾干表皮。

(5)填料、灌汤:进炉前用闭塞的竹管插入肛门,再向腹内投放五香粉少许,姜2～3片,葱结1～2个,然后在体腔内灌入100℃开水70～100毫升,立即进炉。

(6)烤制:始温180℃～200℃,烤30～40分钟,再升温至240℃～250℃,爆烤5～10分钟,至全身呈枣红色即可出炉。

(7)食用方法:烤鹅(鸭)出炉后,先拔出肛门中的竹管,收集汤汁,加少量开水、味精、食盐、酱油等调料熬煮备用。烤鹅(鸭)冷却后切块放入盘中,浇上调制好的汤汁即可食用。

3. 主要质量指标

(1)感官指标:全身呈枣红色,表面光亮,外脆香里鲜嫩,肉质鲜美,肥而不腻,皮层松脆,入口即酥。

(2)微生物指标:同“三特烤鸡”。

4. 主要设备

脱毛机、远红外线烘烤炉等。

(四)烧鸡

1. 工艺流程

选料→宰杀煺毛→去内脏→漂洗→整形→烫皮→油炸→

煮制→捞鸡→包装→保存。

2. 操作要点

(1)选料:选用50日龄左右,重1.25~1.5千克的肉用仔鸡为佳。

(2)宰杀煺毛:同"三特烤鸡"。

(3)去内脏:将鸡背朝上,头朝前,在鸡颈部右侧切开皮肤3厘米,用手指把食管、嗉囊与肌膜分开,从颈部扯出。再在下部肛门前开3厘米的小横口,取出内脏。

(4)漂洗:于清水中漂洗30~40分钟,拔出体内残血。

(5)整形:鸡爪从腹部开口处交叉插入鸡腹腔内,右翅从刺杀颈部刀口处插入,穿过咽喉,从嘴中拉出,然后翅尖反转咬入口中,另一翅反转成8字形。

(6)烫皮:先用沸水淋烫2~4次,待鸡体表面水分晾干后,用饴糖或蜂糖按糖水比例为4:6或5:5配制上色液,涂抹在鸡体表面,并晾干。

(7)油炸:用氢化油、起酥油或棕榈油等炸制,并在油中加入抗氧化剂BHA0.1~0.2克/千克,或BHT0.1~0.2克/千克等。将油加热至160℃~180℃后,逐只放入油炸锅炸1分钟左右,至鸡皮呈橘红色即捞出沥油。每只鸡耗油约1~2钱。

(8)煮制:煮卤配方(按加工烧鸡40~50只,光鸡重约为50千克,入锅老卤占70%~80%的配料量,若是新卤,香辛料应加倍):

小茴12克,辛夷6克、白芷20克,砂仁10克,草果16克,八角16克,陈皮12克,花椒20克,三萘16克,丁香10克,橘皮6克,肉蔻10克,生姜30克,糖0.25~0.5千克,酱油0.1~

0.2千克,食盐1～1.5千克。

煮制操作:老卤煮沸后根据卤汁浓度加入适量的水,将已配好的各种配料放入锅中,经搅匀溶解后,把油炸好的鸡逐只放入卤锅。放入时要让卤汁灌入每只鸡的腹腔内。放鸡量以加压盖后轻压即能使鸡浸没在液面以下为宜。加上锅盖,先大火烧开,然后转入文火焖煮。50日龄肉用仔鸡一般煮40～60分钟,草鸡1.5～2小时,成年老鸡2小时以上。

(9)捞鸡:卤好的烧鸡达到9～10成熟烂,容易脱骨,故捞鸡时必须小心细致,逐只捞出冷却。出品率约64%。

(10)包装:用塑料袋包装。

(11)保藏:在0℃～10℃可保存7～10天,21℃常温下无菌操作真空包装可保存两周。

3. 主要质量指标

(1)感官指标:枣红色或橘红色。9～10成熟烂,熟而不烂,烂而连丝。香气浓郁,味道醇厚,咸淡适中。肉质鲜嫩,皮香、质软、易嚼。造形端正、对称、表皮完整。

(2)微生物指标:同"三特烤鸡"。

4. 主要设备

脱毛机、电热油炸锅、真空包装机等。

(五)酱鸭

1. 工艺流程

选料→宰杀、煺毛、去内脏→腌制→熬制酱卤→煮制。

2. 操作要点

(1)选料:宜选用1.5千克以上的健康鸭。

(2)宰杀、煺毛、去内脏:常法宰杀、放血、去毛。然后腹下开膛,取出内脏,洗净污血,沥干水分。

(3)腌制:每只鸭约用盐50克,涂擦鸭体,在腹腔内也要撒上少许盐。然后于缸中腌制,夏季腌1天,冬季腌两天。

(4)配料(以50只鸭计):酱油2.5千克,食盐3.8千克,白糖1.5千克,桂皮150克,大茴香150克,陈皮350克,丁香15克,砂仁10克,红曲米375克,葱1.5千克,生姜150克,黄酒2.5千克,硝酸钠30克(用水溶解成1千克)。

(5)熬制酱卤:取25千克酱猪头老卤,用微火化开,然后中火烧开,放入红曲米1.5千克,白糖20千克,黄酒0.8千克,生姜200克,用锅铲不断翻动,以防结锅。熬制时间随老卤浓稀而异。待熬到变稠即可。熬1锅可供400只鸭坯涂用。

(6)煮制:煮制前先将老汤烧开,并将上述配料放入锅内,熬后在每只鸭坯腹内放入丁香1~2粒,砂仁少许,葱20克,生姜2片,黄酒1~2汤勺。随即将鸭坯放入沸汤中烧煮,并加黄酒1.8千克。先用旺火烧开后,改用微火焖煮40~60分钟,即可起锅。捞出置于盘中冷却20分钟后,涂上一层酱鸭卤汁即为成品。出品率约为65%,可贮存1天。

3.主要质量指标

(1)感官指标:制品呈琥珀色,香味浓郁,甜中带咸,肉嫩味鲜。

(2)微生物指标(销售时):细菌总数≤8×10^4个/克,大肠菌群≤150个/100克,致病菌不得检出。

4.主要设备

脱毛机、缸、锅等。

(六)板鸭

1.工艺流程

选料、催肥→宰杀、烫毛、煺毛→修整、去内脏→冷水拔血

→腌制→叠坯、排坯和晾挂。

2. 操作要点

(1)选鸭催肥:选用体长、身宽、胸腿发达,两腋有核桃肉、体重在1.75千克以上的健康活鸭为原料,并在宰杀前用稻谷饲养催肥数周,使之膘肥肉嫩、皮肤洁白。

(2)宰杀、烫毛、煺毛:常法宰杀煺毛、浸洗。

(3)修整、去内脏:从桡骨、尺骨以下割下翅膀,从趾骨以下去腿。在右翅腋下开一长5~6厘米的小口,去内脏。

(4)冷水拔血:先用冷水洗净体内残留碎内脏和血液,然后于冷水中浸泡4~5小时,沥干。

(5)腌制:板鸭的腌制分擦盐、抠卤、复卤、叠坯等4个过程。

擦盐:用盐量为净鸭重的6.25%,按50千克食盐加入八角30克,炒干并磨细。先取3/4的盐放入鸭体内,反复转动鸭体,使腹腔内全部布满食盐。然后将余盐在大腿下部用手向上抹一抹,使肌肉与腿骨脱开的同时,有部分食盐进入骨肉之间。从而使大腿肌肉得以充分腌制,然后把落下的食盐分别揉搓在刀口、鸭嘴及胸部肌肉上。擦盐后,将鸭放在案板上,背向下,腹部向上,头向里,尾向外,以手掌用力压扁其三叉骨,使鸭体呈扁长形。

抠卤:擦盐后的鸭坯逐只叠入缸中,经12小时后,用左手提起鸭头,右手二指撑开肛门,放出盐水,称之为抠卤。第一次抠卤后再叠入缸中,经8小时后进行第二次抠卤。

复卤:抠卤后,从右翅刀口处灌入预先配制好的老卤,再逐一浸入另一缸中,缸上用竹篾盖上,并用石块压住,使鸭体浸入卤中腌 16～20 小时。

卤的配制:新卤是用去掉内脏后,浸泡鸭体的血水。按 50 千克血水加盐 25～37.5 千克,放入锅中煮沸、去杂,冷却后再加 0.05% 生姜和 0.0125% 的茴香。腌过鸭的卤经煮沸后称老卤。下次用时,适量加盐,使盐的浓度达到 22%～25% 即可。

(6)叠坯、排坯和挂晾:鸭坯出缸后,沥尽卤水,放在案板上,用手掌压成扁形,再叠入缸内,头向缸心,叠坯 2～4 天。然后排坯,即将鸭坯用清水洗净,挂在档钉上,用手将颈拉开,胸部拍平,挑起腹肌,达到外形美观。然后挂在通风处晾干,待鸭皮水分干后,再收回重排,经 2～3 周即成板鸭。其出品率约 50%,经真空包装后可贮存 3～4 个月。

3.主要质量指标

(1)感官指标:体表光洁,白色或乳白色,腹腔内壁干燥有盐霜,肌肉切面呈玫瑰红色。切面紧密,有光泽。具有板鸭固有的气味。煮沸后肉汤芳香,液面有大片团聚的脂肪,肉嫩味鲜。

(2)理化指标:酸价脂肪 ≤1.6 毫克/克,过氧化值 ≤197 毫克/千克。

4.主要设备

脱毛机、腌制缸、真空包装机等。

(七)长沙油淋鸡

1.工艺流程

选料→宰杀烀毛→去内脏→烫皮→涂饴糖→吹气→烤制→油淋→贮存。

2.操作要点

(1)选料:选用当年 1 千克左右的肥壮母仔鸡。

（2）宰杀、煺毛：常法宰杀去毛，从肘、跗关节处切断翅、爪。

（3）去内脏：腹下开口取出全部内脏。洗净后晾干。

（4）烫皮：用一块长 6.7 厘米，宽 1.65 厘米的木片，从翼下开口处插入胸腔，将胸背撑起，投入沸水锅中，使鸡皮缩平，然后取出，把鸡身用干净布抹干。

（5）涂饴糖：用稍许稀饴糖溶解放在手心上，将鸡从下至上抹匀。

（6）吹气：用一切成斜口的细竹管插入鸡的双腿皮下吹气。

（7）烤制：将鸡送入烤炉，烤至皮肤起皱纹时取出。

（8）油淋：将烤制后的鸡用 4.95 厘米的竹签将两翅撑起，用小木塞将鸡肛门塞紧，用小铁钩将鸡提起，右手用小铁勺舀烧开的沸油，反复往鸡身上淋，先淋鸡胸、鸡腿，后淋鸡背、鸡头。肉厚的部位要多淋几勺。油温掌握在 90℃ 左右，淋 8～10 分钟，至鸡身呈金黄色发亮，有皱纹即可。取下竹片和木塞，观察腹内汤汁，若为浑水，说明还没熟，需再淋几遍；若为清水，即为成品。挂通风处，冬季可保存 7～10 天，夏季 1～2 天。

（9）食用方法：凉吃时将鸡切片或切块做拼盘，加葱和姜片，淋上芝麻油和酱油即可食用。也可炒食。

3. 主要质量指标

（1）感官指标：色泽金黄，无花斑，肉质细嫩，皮脆，香酥可口。

（2）理化指标及微生物指标：同"三特烤鸡"。

4. 主要设备

烤炉、锅等。

(八)炸乳鸽

1.工艺流程

原料整理→配料→浸烫→涂蜜汁→淋油。

2.操作要点

(1)原料整理:乳鸽宰杀、放血、煺毛、去内脏;冲洗干净。

(2)配料:以 10 只乳鸽(约 0.6 千克重)计,需清水 5 千克,食盐 0.5 千克,淀粉 50 克,蜂蜜半小碗。

(3)浸烫:将鸽坯放入微沸的盐水锅内浸熟(水、盐按配料量加入),捞出沥干,并用干净毛巾擦净鸽的水分。

(4)涂蜜汁:将淀粉与蜂蜜拌匀后,均匀涂抹在鸽体上,然后用铁钩挂起晾干。

(5)油淋:用沸油反复浇淋在晾干的鸽坯上,直至表面呈金黄色、鸽肉松脆香酥为止。然后沥油晾凉即可。

3.主要质量指标

(1)感官指标:肉质松脆、甘香,表皮呈金黄色。

(2)理化指标:苯并(a)芘≤5 微克/千克。

(3)微生物指标:同"三特烤鸡"。

4.主要设备

锅、刀具。

三、蛋的保鲜与加工

(一)蛋的保鲜

鲜蛋的贮藏保鲜方法有冷藏法、气调法、液浸法、涂膜法等。现介绍成本低、易操作的液蜡涂膜法。该方法是先用

0.1%的多菌灵(苯并咪唑－44号)对鲜蛋进行喷雾消毒,然后装入带孔的筐内,放入医用液体石蜡中浸一下即可。待蛋晾干后,即可大端向上装入蛋箱或塑料托盘中,置于常温仓库贮存,其越夏贮存期可达4个月。

(二)蛋的加工

1. 溏心皮蛋

(1)工艺流程:选料→熬料→冲料→料液检验→鲜蛋下缸→灌料→腌制→出缸→检验→包泥滚糠(或涂膜)→包装→成品。

(2)操作要点:

a. 选料:选择蛋壳完整、蛋白浓厚、蛋黄位居中心(灯光透视)的鲜蛋。剔出破壳蛋、钢壳蛋、大空头蛋、热伤蛋、血丝蛋、贴衣蛋、散黄蛋、臭蛋、畸形蛋、异物蛋等破、次、劣蛋。

b. 配方(单位:千克):鲜鸭蛋1000枚。

c. 熬料:先将锅洗干净,再按配料量,将茶叶、清水加热沸腾。

d. 冲料:将生石灰、纯碱、食盐放入缸中,再将草木灰放在生石灰上面。将上述煮沸的料水趁沸倒入缸中,待反应完后,用干净的木棒搅拌均匀,捞出石块,并补充相应重量的生石灰。然后冷却静置备用。

e. 料液检验:直接检验氢氧化钠的浓度为4%～5%,澄清液相对密度为12～13波美度为适宜。也可用简易方法:将配制好的料液倒入一些在碗中,再打开一枚鲜蛋,把少许蛋白放入盛有料液的碗内,经15分钟左右,如果蛋白不凝固,说明料液浓度太小。如果蛋白凝固,并富有弹性,经1小时左右后,蛋白化成稀水,说明料液浓度正常;如果在半小时之内即化成稀水,说明料液浓度偏高。如果浓度偏低,可直接加入一定的氢氧化钠或生石灰;浓度偏高,可用红茶水冲稀。

f. 鲜蛋下缸:在缸底铺一层洁净的稻草,逐枚将蛋轻叠平放缸中,放至离缸口 6~10 厘米处,加上花眼竹篾盖,用碎砖瓦压住,以免灌汤后,鸭蛋上浮。

g. 灌料:将冷凉透的料液搅动后,徐徐由缸边倒入缸内,直至鸭蛋全部浸于液面下。

h. 腌制:腌制温度以 20℃~27℃ 为宜。夏季腌房温度不超过 30℃,冬季保持 25℃ 左右。夏季需 30~35 天,冬季需 35~40天成熟。腌制期间不得挪动腌制缸。

i. 出缸:将蛋从料液中捞出,用冷开水冲洗,切忌沾生水。并注意防止料液腐蚀皮肤。

j. 检验:剔出次品蛋。

k. 包泥滚糠:包泥系用 60%~70% 深层无异味黄黏土与 30%~40% 的已腌过蛋的料液调成糊状,将蛋置于糊浆中,以能浮于浆面为宜。然后逐只包泥滚糠。大约平均每 100 枚蛋需包泥 6.8 千克,稻壳 0.5 千克。再晾干表面即可装篓。

1. 皮蛋夏季可贮存 3 个月,冬季 6 个月,并要求贮存环境清洁卫生,温度不超过 10℃,湿度在 80%~85% 之间。

(3)主要质量指标:

a. 感官指标:外包泥或涂料均匀洁净,蛋壳完整,无霉变,敲摇时无水响声,剖检时蛋体完整;蛋白呈青绿色、棕褐色或棕黄色。呈半透明状,有弹性,一般有松花花纹。蛋黄呈深浅不同的墨绿色或黄色,略带溏心。具有皮蛋应有的滋味和气味,无异味。

b. 理化指标:铅≤0.5 毫克/千克,铜≤10 毫克/千克,锌≤20 毫克/千克,砷≤0.5 毫克/千克,pH 值(1:15 稀释)≥9.5。

c. 微生物指标:菌落总数≤500 个/克,大肠菌群≤30 个/100 克,致病菌不得检出。

(4)主要设施:腌制缸、比重计等。

2. 鹌鹑皮蛋

(1)工艺流程:选料→配料→下缸→灌料→腌制→涂膜→包装。

(2)操作要点:

a. 选料:选用 5 天内的鲜蛋,蛋壳灰白色,上面有红褐色或紫色斑点,色泽鲜艳,蛋壳结构致密、均匀、光洁平滑、蛋形正常,剔除白色蛋、软壳蛋、畸形蛋和破损蛋等。

b. 配料:配方:鹌鹑蛋 5000 枚(约 50 千克),沸水 62.5 千克,氯化锌 0.08 千克,氢氧化钠 2.5 千克,五香粉 0.3 千克,食盐 1.5 千克,红茶末 0.6 千克。

配制腌料:按配方将茶末、五香粉、食盐称量好,放进配料缸中,加入沸水,并不断搅拌,使其溶解后加入氢氧化钠,并搅拌,冷却后加入氯化锌拌匀,静置 24 小时后备用。

c. 装缸:鹌鹑蛋放平放稳,装至离缸口 20 厘米,盖上竹筛,压上适当的石块,以防灌料时鹌鹑蛋上浮,浸泡不全。

d. 灌料:将配好的料液倒入缸内,高出蛋面 5 厘米,封口保存。并保持蛋在缸中静止不动。

e. 腌制:腌制温度 16℃～20℃,成熟时间约 20 天。

f.涂膜保质:鹌鹑蛋成熟后出缸,并用上层清液清洗,摆在蛋盘上晾干。涂上一层石蜡,再用塑料薄膜包装。

g.包装:用硬纸板做成包装盒包装。

(3)主要质量指标:

a.感官指标:蛋白晶莹如玉,有弹性和松花。蛋黄呈黄、橙、褐、绿、蓝诸色;溏心适中,带有清香的滋味。

b.理化指标及微生物指标:同"溏心皮蛋"。

(4)主要设施:同"溏心皮蛋"。

3.咸蛋

(1)工艺流程:选料→拌料→腌制→装缸→销售。

(2)咸蛋的几种加工方法及操作要点说明:

a.黄泥咸蛋加工:配方为鸭蛋1000枚,食盐7.5千克,黄泥6千克,清水4千克。

加工方法:将黄泥捣碎,与食盐、清水放在木桶或瓷缸里,用木棒搅拌混匀,使之成为稀薄糊状。其浓度以一个鸭蛋放进去后一半浮在泥浆上面,一半浸在泥浆内为合适。鸭蛋经洗涤与检验后,逐个放入泥浆里,使鸭蛋的四周均被泥浆包围。鸭蛋放完后,使泥浆将鸭蛋全部浸没。盖上盖子,30～40天即可。

b.包泥咸蛋加工:配方为鸭蛋100枚,黏性黄土5千克,食盐1千克,清水1千克。

加工方法:将黄土捣碎与食盐混在一起,然后加水混合,使之成为不稀不浓的糊状,便可包蛋。包好后装缸,加盖,腌30～40天即可。

c.滚灰咸蛋加工:配方为鸭蛋1000枚,草木灰100千克,食盐7～8千克,水适量。

加工方法:将草木灰与食盐混合在容器内,再加入适量的水,充分搅拌均匀,使成团块,便是包料。经选好的鸭蛋先清洗晾干,即可将包料包于蛋外,厚薄要均匀。包好后逐个入缸,夏季约15天,春秋季约1个月,冬季30~40天即成。

d.浸泡咸蛋加工:用开水将食盐配成20%的食盐水溶液,冷后,加入经清洗的鲜蛋,上层用竹笆压住,以防上浮。封存30天左右即成。此法简单,但产品贮存期较短,夏天不宜使用此法。

（3）主要质量指标:

a.感官指标:外壳透视时可见蛋黄阴影,剖检时蛋白液化、澄清,蛋黄呈橘红色或黄色环状凝胶体。具有咸蛋正常气味,无异味。

b.理化指标:汞≤0.03毫克/千克,砷≤0.05毫克/千克,食盐≥2%,挥发性盐基氮≤10毫克/千克。

（4）主要设施:腌制缸、验蛋设施等。

四、乳制品加工

乳(牛奶,羊奶等)中含有丰富的蛋白质和脂肪,还含有婴幼儿生长发育所需的各种营养成分,是人类优质的营养食品。

（一）巴氏杀菌乳

1.工艺流程（以牛奶为例）

原料乳验收→预处理→预热与均质→杀菌→冷却→灌装→封口（盖）→装箱冷藏。

2.操作要点

（1）原料乳验收:原料乳应符合特级生牛乳要求,其主要

指标为:

相对密度 $d_4^{20} \geq 1.028 \sim 1.032$,酸度$\leq 18.00°T$。

全乳固体$\geq 11.70\%$,细菌总数$\leq 1.0 \times 10^6$ 个/毫升。

(2)预处理:先用多层纱布进行粗滤以除去大的杂质。极微小的机械杂质及细菌细胞可采用离心式净乳机净化除去。经净化的牛奶用板式热交换器迅速冷却至5℃左右,一般不得超过10℃。经冷却的牛奶必须贮存在绝热性能良好的贮乳槽(缸)内。

(3)预热与均质:将牛奶用板式热交换器预热到60℃左右,然后泵入均质机,在15~18兆帕下均质。

(4)杀菌:用板式热交换器将经均质的牛奶杀菌,杀菌条件为:80℃~85℃,10~15秒钟。

(5)冷却:牛奶杀菌后应迅速用冰水冷却到5℃左右。一般板式热交换器都包括三个部分,即预热、杀菌、冷却,因此,上述三道工序实际上可在一台设备内完成。应注意的是,预热后应将牛奶导出,泵入均质机内,均质后再泵入杀菌工序。另外,冷却工序最好采用冰水冷却。

(6)灌装、封口(盖):目前,我国主要采用聚乙烯薄膜袋、玻璃瓶、复合铝塑包装等包装材料。灌装、封口应不间断进行。

(7)装箱、冷藏:巴氏杀菌乳灌装封口后,分装入箱,立即送入冷库于0℃~6℃贮藏,直到出厂分发。

3. 主要质量指标

(1)感官指标:制品呈均匀一致的乳白色或微黄色,具有乳固有的滋味和气味,无异味;组织状态均匀一致,无沉淀,无凝块,无黏稠现象。

(2)理化指标:蛋白质含量≥2.9%,硝酸盐(以硝酸钠计)≤11.0毫克/千克。

(3)卫生指标:大肠菌群≤90个/100毫升,菌落总数≤30000个/毫升,致病菌不得检出。

4.主要设备

离心净乳机,板式热交换器,隔热贮奶槽(缸),均质机,塑料袋灌装封口机(自动装瓶打盖机,无菌纸盒灌装系统),冷库。

(二)酸奶(以凝固型酸牛奶为例)

1.工艺流程

　　菌种→母发酵剂→生产发酵剂

　　　　　　　　　　↓

原料配合→均质→杀菌→冷却→接种→灌装→发酵→冷藏→成品。

2.操作要点

(1)原料配合:牛奶经预处理后(参见"巴氏杀菌乳"),用离心机分离乳脂肪,所得产品为脱脂奶。取脱脂奶1000千克,加蔗糖80~110千克,明胶6千克,搅拌混合均匀。注意明胶预先用水或脱脂奶煮沸溶化后方可加入。如果想调出风味各异的酸奶产品,也可同时添加适量的香料。

(2)均质:上述配料在15~20兆帕压力下均质处理。

(3)杀菌与冷却:将经均质的原料用板式或套管式热交换器在90℃下加热杀菌,然后迅速冷却。采用保加利亚乳酸杆菌与嗜热链球菌混合发酵时,可冷却至40℃~45℃,采用保加利亚乳酸杆菌与乳酸链球菌混合发酵时,可冷却至30℃左右。

(4)接种:将新制的生产发酵剂按混合料的1%～2%加入,搅拌均匀。生产发酵剂菌种配比常采用下列两种:

a. 保加利亚乳酸杆菌:嗜热链球菌 = 1:1。

b. 保加利亚乳酸杆菌:乳酸链球菌 = 1:4。

生产发酵剂的制作请参阅"酸豆奶"章节。

(5)灌装:可用杯式灌装机灌装封口,灌装量约160克。也可选用陶瓷瓶或玻璃瓶。灌装量可根据市场需求而定。

(6)发酵:发酵时间因发酵剂不同而异。一般采用保加亚乳杆菌与嗜热链球菌混合发酵剂时,在41℃～43℃培养约需4～7小时;如采用保加利亚乳杆菌与乳酸链球菌混合发酵,在30℃～33℃下需10～12小时。当酸度达到0.7%～0.8%(乳酸度)时,即可从发酵室取出。

(7)冷藏:发酵后的酸凝乳,应及时移入5℃的冷库中贮存。贮存时间应在4小时以上方可出厂。

3. 主要质量指标

(1)感官指标:成品呈乳白色至微黄色,乳凝块均匀一致,允许表面有少量乳清析出。

(2)理化指标:全乳固体 ≥ 11.5%,酸度:70.00～110.00°T。

(3)卫生指标:大肠菌群 ≤ 90 个/100 毫升,致病菌不得检出。

4. 主要设备

配料罐(带搅拌)、均质机、板(套管)式热交换器、塑杯灌装封口机、恒温发酵室、冷库。

(三)冰淇淋

1. 工艺流程

混合原料配制→过滤→巴氏杀菌→均质→冷却→老化→
凝冻→灌注→包装→硬化→检验→成品。

2. 操作要点

(1)混合原料配制、过滤:混合原料中,一般应包含以下物质:脂肪、非脂乳固体、甜味剂、稳定剂、香料、食用色素等。

脂肪含量一般在8%～12%范围内。该物质的存在使冰淇淋口感肥实,均质后,该物质还使料液黏度增大,凝冻搅拌时增加膨胀率。脂肪一般来源于配料中的稀奶油、奶油、人造奶油、精炼植物油等。

非脂乳固体含量一般在8%～10%。该类物质赋予冰淇淋良好的组织结构。甜味剂一般用蔗糖,其用量一般为12%～16%,该物质能使成品组织细致并降低凝冻温度。乳化剂常用蛋黄粉,该物质用量为0.5%～2.5%。稳定剂常用明胶、琼脂、羧甲基纤维素钠等,用量为0.35%～0.5%,该类物质能提高膨胀率,减少粗糙舌感。根据消费者感官需要,还可加入适量香精与食用色素。现列一配方说明混合原料的组成及配制。

草莓奶油冰淇淋配方(成品100千克):

鲜牛奶41千克,明胶0.5千克,稀奶油27千克,蛋黄粉0.4千克,甜炼乳28.3千克,草莓香精0.1千克,蔗糖2.7千克,食用色素适量。

先将鲜牛奶、稀奶油、甜炼乳混合,过100～120目筛后加入冷热缸内,再将蔗糖、明胶、蛋黄粉用适量鲜牛奶或水加热溶解后过筛,加入并与上述配料混合搅拌。

(2)巴氏杀菌:将冷热缸内混合料升温至75℃~78℃,搅拌使温度分布均匀,保温15分钟或更长时间,以杀死致病菌,如需要加色素,此时可加入。

(3)均质:用15~18兆帕压力均质。

(4)冷却与老化:混合原料均质处理后,迅速用板式热交换器或冷热缸冷却至2℃~4℃,加入香精,搅拌均匀,并于此温度下静置40小时老化。

(5)凝冻:混合原料老化后,输入冰淇淋凝冻机,在强烈搅拌下进行冷冻,以制成体积较混合原料增大近一倍的冰淇淋。凝冻过程中冰淇淋膨胀率一般应在90%~100%。

(6)灌注、包装、硬化:为了符合贮藏、运输、销售的需要,凝冻后的冰淇淋常灌入杯、盒、蛋筒等包装中,加盖或外包装后,迅速送入速冻室硬化处理。硬化条件一般为:-23℃~-25℃,12~24小时。

3.主要质量指标

(1)感官指标:色泽均匀一致,香气正,无异味,组织细腻滑润,无明显冰晶。

(2)理化指标:总干物质:28%~40%;脂肪:4%~14%;总糖:16%~22%;膨胀率:85%~95%。

4.主要设备

冷热缸(带搅拌),板式热交换器,均质机,冰淇淋凝冻机,冰淇淋灌注机,低温速冻库。

五、畜禽副产品加工

(一)猪血丸子

1. 工艺流程

豆腐滤干→猪肉切丁→拌料→搓丸子→滚血→晒干→烟熏→包装。

2. 操作要点

(1)豆腐滤干:豆腐压得越干越好。

(2)猪肉切丁:切成 0.5 立方厘米的肉丁。

(3)拌料:配方为豆腐 100 块(约 10 千克),鲜猪血 3 千克,鲜五花肉 2 千克,食盐 500 克,辣椒粉 150 克。

按上述配方将豆腐、肉、食盐、辣椒粉及 6 千克鲜猪血充分混匀。

(4)搓丸子:将混合料捏成 250 克左右一个的丸子。

(5)滚血:将搓好的丸子放入鲜猪血里滚上一层血。

(6)晾晒:将丸子放在竹筛上,于太阳下晒 2 天左右。

(7)烟熏:将晒好后的猪血丸子于熏房烤干即可。

(8)包装:2 个一袋包装。可贮存半年以上。

(二)溶菌酶提取

目前,溶菌酶在国内外虽有生产,但仍为市场紧缺的产品。该产品已广泛应用于生物工程、临床医药及食品等方面,每千克成品价值近 3 万元。

1. 工艺流程

蛋壳→壳膜分离→内膜→提取溶菌酶。

2. 操作要点

(1)取清洁蛋壳 1000 克于容器内,并加水 3 千克,再边拌边加入 36% 的盐酸溶液 2000 毫升,然后将其置于室温条件下,浸泡80分钟后,将蛋壳捞出,倒去残液,并趁湿粉碎和振荡分离,即可得到蛋壳膜。

(2)取出蛋壳膜,用水清洗至中性后剪碎,加入其量为1.2倍、浓度为0.5%的食盐溶液,并充分搅拌,使其混合均匀。

(3)利用稀盐酸将其pH值调整至6.0,之后置于40℃的环境中搅拌45分钟,并过滤。

(4)将滤液置于水浴锅内加热至80℃,取下,经冷却后用醋酸将其pH值调整为4.6,然后置于常温下静置8小时。将上清液取出备用(沉淀物供加工蛋壳膜粉使用)。

(5)经静置后的上清液,用20%的氢氧化钠溶液将其pH值调整至6.0,再边搅拌边加入5%的聚丙烯酸,并调整pH值至3.0;静置30分钟后,将上清液倒弃,留下沉淀物。

(6)在沉淀物中加入碳酸钠溶液,调整pH值为9.5,使沉淀物溶解,再加入5%的氯化钙溶液,离心。

(7)将上述经离心后的上清液静置,使其形成结晶。经干燥后即为溶菌酶制品。

(三)猪干肠衣

1. 工艺流程

浸漂—剥油脂—氢氧化钠溶液处理—漂洗—腌制—水洗—充气—干燥—压平。

2. 操作要点

(1)浸漂:将洗涤干净的小肠,浸于清水中,冬季1~2天,夏季数小时即可。

(2)剥油脂:将浸泡好的鲜肠衣放在木板上,剥去肠管外表的脂肪、浆膜和筋膜(用于提取肝素钠),并冲洗干净。

（3）氢氧化钠溶液处理：将翻转洗净后的原肠，以10根为一套，放入缸或木桶里，然后按每70~80根用5%的氢氧化钠溶液约2500毫升的比例，倒入缸或木桶里，迅速用竹木棒搅拌肠子，便可洗去肠上的油脂。如此漂洗15~20分钟，就能使肠子洁净、颜色变白。

（4）漂洗：将去掉脂肪后的肠子，放入清水中反复换水清洗，以彻底洗去血水、油脂和氢氧化钠的气味。然后漂浸于清水中，夏季3小时，冬季24小时，并经常换水。

（5）腌制：将肠衣放入缸中，然后按每91.5米用盐0.75~1千克的比例，均匀地将盐撒在肠衣上，腌12~24小时。

（6）水洗：用清水把盐漂洗干净，以不带盐味为止。

（7）充气：洗净后的肠衣，充气检验有无漏洞。

（8）干燥：充气后的肠衣挂在通风处晾干或于29℃~35℃的干燥室干燥。

（9）压平：将干燥后的肠衣一头用针扎孔排气，然后均匀地喷上一层水润湿，再用压肠机将肠衣压平、晾干，最后扎成把，装箱即为成品。

3. 主要质量指标

淡黄色、无异臭味，薄而坚韧、透明、无破裂、沙眼等。

（四）肝素钠的提取（盐酸－离子交换法）

1. 工艺流程

猪肠黏膜→提取→吸附→洗涤→洗脱→沉淀→脱水→干燥→肝素钠粗品→精制→肝素钠精品。

2. 操作要点

（1）提取：取新鲜猪肠黏膜投入反应缸内，按3%的比例加入氯化钠,用氢氧化钠调 pH 值至 9.0,逐步升温至 50℃ ~ 55℃,保温 2 小时。继续升温至 90℃,维持 10 分钟,随即冷却。

(2)吸附:提取液用 30 目双层纱布过滤,待冷却至 50℃ 以下时,加入 714 型碱性树脂,新树脂用量为 2%,用过的树脂用量稍多些,搅拌 8 小时后,静置过夜。

(3)洗涤:次日虹吸除去上层清液。收集树脂。用水冲洗至上层澄清,滤干。加入 2 倍树脂量的 1.4 摩尔/升氯化钠搅拌 2 小时,滤干。再用 1 倍树脂量 1.4 摩尔/升氯化钠搅拌 2 小时,滤干。

(4)洗脱:继续用 2 倍树脂量 3 摩尔/升氯化钠搅拌洗脱 2 小时,滤干。

(5)沉淀:合并洗涤液和洗脱液,加入等量的 95% 的乙醇,沉淀过夜。次日,虹吸除去上层清液,收集沉淀,用丙酮脱水干燥即得肝素钠粗品。

(6)肝素钠精制:粗品肝素钠溶于 15 倍 1% 的氯化钠溶液中,加 6 摩尔/升盐酸调节 pH 值为 1.5 左右,过滤至清。随即用 5 摩尔/升氢氧化钠调 pH 值为 11,按 3% 加入浓度为 30% 的过氧化氢,25℃ 放置。开始时不断调整 pH 值为 11.0,第二天再按 1% 加入过氧化氢,调 pH 值至 11.0,继续放置,共 48 小时,过滤。用 6 摩尔/升盐酸调 pH 值为 6.5,加等量的 95% 乙醇沉淀过夜。次日虹吸除去清液,沉淀物用丙酮脱水,45℃ 真空干燥 4 ~ 6 小时即得肝素钠精品。收率约为 3 万单位/千克肠黏膜。

(五)猪皮修饰鞋面革加工

1. 工艺流程

去肉、称重→转辘浸水、脱脂→拔毛、称重→浸碱→水洗、抄里、称重→水洗、脱灰软化→水洗、浸酸→鞣制→静置、挤水、摔折、片蓝坯、削匀→称重、中和、加油→挂晾、摔软→钉板、剪边、磨革、剪边→称重、回软→填充、加油→绷板、磨革、扫毛→震荡→封里→封面→熨毛孔→刷色→熨毛孔→喷色、熨平板→喷色、喷光、喷固→光辊熨皮、成品。

2. 操作要点

(1)去肉、称重:用猪盐湿皮作原料皮,用去肉机将肉和表面油脂除掉,然后称重作为浸水用料依据。

(2)转辘浸水、脱脂:将皮投入转辘中,流水洗1小时,然后用皮重2.5倍的18℃~22℃水浸皮闷洗2小时,再换水停辘过夜,次日水洗。将38℃~40℃、2~2.5倍的水加入转辘中,加入皮重0.9%~1%的碱面转动30分钟,排出一半水,然后再补38℃~40℃的水到规定量,加入皮重1.8%~2%的碱面,转2小时,再用常温流水洗15分钟出辘。

(3)拔毛、称重:用拔毛机拔毛,并称重,作为用料依据。

(4)浸碱:按液比1.5~2加入18℃~22℃的水及火碱1.0%~1.1%,硫化碱1.3%~1.4%,氯化钙0.6%~0.7%,转动5分钟,检测其硫化钠应为4.5~5.5克/升,总碱量为10~11克/升后,投皮入辘,转辘2.5小时左右。加入常温水0.5倍,转5分钟停5小时,再转20分钟后,停辘过夜。

(5)水洗、抄里、称重:用充足的水洗皮10分钟后出辘,用片皮机将皮厚的部位片一下,重点片臀部和脖头,然后称重,作用料依据。

（6）水洗、脱灰软化：用35℃～38℃水洗30分钟,再加入0.5～0.7倍37℃～38℃的水及1%硫酸铵转动20分钟。然后将0.2%胰酶和0.56%（5万单位）的2709碱性蛋白酶、0.2%～0.3%的平平加分别用30℃水化开后加入。同时还加入0.5%硫酸铵转1.5小时。终点液pH值在7.8～8.5之间。

（7）水洗、浸酸：用水流结合洗30分钟后,加入0.8倍18℃～22℃水和8%食盐转10分钟。从轴孔将0.3%甲酸和1.2%硫酸（66波美度）用10倍水稀释后加入。转1.5小时至废液pH值2.8～3.1,甲基红检查臀部无黄心、全透。

（8）鞣制：放掉一半浸酸液,在转动中从轴孔加入2%的乳化锭子油转10分钟。加入0.8%的醋酸钠和9%的铬液（40盐基度,红矾∶蓝液＝1∶4）转40分钟,再加入9%的铬液转1.5小时。加入1倍60℃的水转1.5小时。加入1%的海波转1小时。加入1倍80℃的水转20分钟。然后分4次加入1.2%～1.5%经化好的小苏打,每次间隔10分钟,转5小时停瓢过夜。次日转1小时出瓢。出瓢时溶液pH值3.9～4,收缩温度100℃以上。

（9）静置、挤水、摔折、片蓝坯、削匀：出瓢后码放平置,静置24小时以上,用挤水机挤水后装入转瓢摔皮,使水分均匀一致。摔折后的蓝坯及时片皮,片皮厚度1.7～1.8毫米。然后削匀,使坯革厚度在1.6～1.7毫米。

（10）称重、中和、加油：准确称重,作用料依据。然后调好液比为2～2.2、温度45℃～50℃,在转动中从轴孔加入用30℃水稀释、量为1%～1.1%的小苏打转动20分钟；加入用水稀释、量为2%的海波转30分钟；加入用30℃水稀释、量为

1%~1.1%的碱面转 30 分钟;然后加入乳化好、量为 2.5%的硫化油和量为 2.5%的加脂剂转动 30 分钟。达到中和程度 1/3~2/3,油吃净,中和油液 pH 值 6.8~7.2 后,水洗 20 分钟。

(11)挂晾、摔软:采用搭杆的自然干燥法,将革干燥到含水量 20%以下。然后将革装入转鼓,在转动中加入皮重的 0.4%的 30℃温水,使革坯基本潮湿为止,大约转 10 分钟,使含水量为 30%~35%。出鼓码平,盖严,静置 24 小时。

(12)钉钣、剪边、磨革、剪边:钉板后皮革坯不得有皱褶现象,革含水量在 15%~20%,伸长率 25%~30%。剪边要剪去钉眼。然后磨革。磨革时草坯含水量应控制在 15%~17%,先用粗纱布通身磨一遍,重点磨臀部和脖头,然后用细纱布通身磨一遍。磨革后革面不得有跳印和砂峰。磨革后的革边、肷部和没有价值的皮边剪去。

(13)称重、回软:磨革后称重,称重后增重 1.5 倍,作用料依据。回软控制液比为 2.5,温度 62℃~64℃,洗涤剂 0.2% (或 JFC0.02%)转动 2 小时。

(14)填充、加温:调液比为 2.5,温度 58℃~60℃,加入化好的、量为 1%白光浆转动 60 分钟。加入化好后、量为 1%的骨胶转 20 分钟;加入 2%栲胶转 15 分钟;加入乳化好的、量为 2.5%的丰满鱼油转 50 分钟。加入 3%加脂剂转 10 分钟。加入 5 倍水稀释、量为 0.5%的甲酸转 20 分钟出鼓。静置 20~24 小时。至终点液呈清水状,革无油花。

(15)绷板、磨革、扫毛:用绷板干燥法将革干燥至水分为 15%~17%。然后用细砂布磨革,先磨边肷,后竖磨皮心。然后扫毛,将革尘扫干净。

(16)震荡:用震荡机将革震到软硬一致,手感相近。

(17)封里:按封里液中硫化物油:水:北京 1 号树脂 = 1:5:0.2配好。用喷枪喷于革里。

(18)封面:封面液为色膏:202 号树脂:水:JFC = 1:5:3:0.2配好后,用喷枪喷于革面,挂晾 40 分钟。

(19)熨毛孔:压力 4~5 兆帕,温度 95℃~98℃,接连压两遍,达到毛孔清晰的效果。

(20)刷色:色膏 1 份,R1 树脂 1 份,20B 树脂 1 份,用水调至 5~6 波美度后,用绒板刷通身刷一遍。刷浆要均匀一致,不得有刷痕、流浆现象。刷后于 40℃ 左右的干燥房中干燥。

(21)熨毛孔:压力 180 千克/平方厘米,温度 80℃~90℃,连续压两遍,每次上板时间为 16~17 秒钟,不得有黏板和板印现象。

(22)喷色、熨平板:底层液用水将 R1 树脂 1 份,膏 1 份,R2 树脂 1 份,10% 干酪素液 0.4 份,配成 7~8 波美度溶液后,用连续喷涂机喷一遍。中层液用 R1 树脂 1 份,膏 1 份,R2 树脂1.2 份,10% 干酪素液 0.5 份,5% 蜡液 0.06 份,混合后喷一遍。然后用压力 10~12 兆帕,温度为 75℃~80℃ 的熨平机熨平板一次。

(23)喷色、喷光、喷固:喷光液由 10% 干酪素液 1 份,蜡液 0.05 份,水 0.5 份,甘油适量组成。固定液由甲醛配成 5.5~5.7 巴克度,配好后用连续喷涂机喷一遍中层液,喷一遍光液,喷一遍固定液。

(24)光辊熨皮、成品:光辊熨皮机压力为 35~40 千克/平方厘米,温度为80℃~90℃,线速度为 8~9 米/分钟,连续熨皮 2 遍。然后修调革边小褶皱,即成成品。

第四章 水产品加工

一、火焙鱼

1. 工艺流程

原料→清洗→焙烤→烘干→冷却→包装→成品。

2. 操作要点

(1)选料:个体较小的各种杂鱼均可。但要求新鲜,没有腐败变质。

(2)清洗:对于活体应静养一天左右,使之充分吐泥沙;对死鱼应对鳃、体表充分洗净,然后去内脏,再清洗干净,沥干水分。

(3)焙烤:先用干净布块沾上食用油,将锅擦一遍,以防鱼粘锅。然后将清洗干净的原料鱼在加热好的平锅里,用小火慢烤至黄,翻边再烤至黄即可。

(4)烘干:将焙烤好的鱼于50℃~60℃,烘24小时左右。

期间翻动 1~2 次,使烘烤均匀。至干鱼水分含量在 12% 左右即可。

(5)冷却、包装:烘干后的鱼经冷却透以后,用塑料袋包装成 500 克一袋即可上市。条件允许的,还用抽真空充氮包装封口,其保质期达 1 年以上,而且避免干鱼压碎。

3．主要质量指标

鱼香,肉硬,色微褐黄,水分在 12% 左右,无或少碎鱼。

4．主要设备

平锅、烤箱、封口机等。

二、油炸五香鱼

1．工艺流程

选料→原料处理→油炸→调味→装罐→排气、密封→杀菌→冷却→成品。

2．操作要点

(1)选料:所有的鱼类均可。但一般选用一些低值鱼类。要求鱼新鲜,没有腐败变质。

(2)原料处理:个体较大的鱼类需去鳞、去鳍、去内脏、清洗血污和腹内黑膜、鱼头、鱼尾。背肉、腹肉分开切块;对于个体较小的鱼类需清洗、去头、去内脏,然后沥干水分。

(3)油炸:按鱼块大小分别油炸。油炸温度为 180℃ ~ 200℃,炸 2~5 分钟,炸至鱼体呈金黄色,鱼肉有紧密感。注意鱼体未上浮不可翻动。

(4)调味:

a. 调味液配方(单位:千克):精盐2.5,砂糖25,黄酒25,桂皮0.19,陈皮0.19,味精0.075,酱油75,高粱酒7.5,生姜5,茴香0.19,月桂叶0.125,水50。

b. 配制:将生姜、桂皮、茴香、陈皮、月桂叶等加水煮沸1小时以上,捞去渣,然后加入其他配料,煮沸,最后加入酒,过滤备用。调至总量为190千克。

c. 调味:趁热将油炸后的鱼块浸入调味汤汁中,时间约1分钟。

(5)装罐:用玻璃瓶或马口铁。同一罐中的鱼块大小、色泽应基本一致。

(6)排气密封:排气温度95℃,时间13~15分钟,然后封口。

(7)杀菌(285克瓶装):15′-50′-35′/118℃。

(8)冷却:冷却至40℃左右。

3. 主要质量指标

(1)感官指标:肉块紧密,形态完整,不焦不硬。色泽金黄,浓淡一致。香味浓郁。

(2)理化指标:食盐1.5%~3.5%,锡≤200毫克/千克,铜≤5.0毫克/千克,铅≤1.0毫克/千克,砷≤1.0毫克/千克,汞≤0.5毫克/千克。

(3)微生物指标:符合罐头食品商业无菌要求。

4. 主要设备

油炸锅、灌装机、封口机、杀菌锅、锅炉等。

三、豆豉鲮鱼

1. 工艺流程

选料→原料处理→盐腌→清洗、分级→油炸→浸调味料→装罐→排气密封→杀菌→冷却→成品。

2. 操作要点

(1)选料:一般选用活鲜鱼,条重在 0.11～0.19 千克为佳。

(2)原料处理:先去除鱼鳞、鳍、头、鳃及内脏,再用刀在鱼体两侧肉厚处划 2～3 毫米深的线。

(3)盐腌:按鱼重 100 千克,用盐量为:4 至 10 月为 5.5 千克,11 月至翌年 3 月为 4.5 千克进行腌制。鱼、盐要充分拌搓均匀,装于桶内,上面加重石,鱼:石＝100:120～170。压石时间为:4 至 10 月 5～6 小时,11 月至翌年 3 月 10～12 小时。腌好后,将鱼取出,逐条洗干净,刮尽腹腔黑膜,沥干。按大、中、小分为三级,或分为大、小两级,便于油炸和装罐。

(4)油炸:油炸温度为 170℃～175℃,炸至鱼体呈浅茶褐色,炸透而不过干为准,需 1～1.5 分钟。鱼未浮起前不要翻动,以免破坏鱼皮和鱼肉。

(5)调味:

a. 香料水配方:丁香 1.2 千克,沙姜 0.9 千克,橘皮 0.9 千克,茴香 1.2 千克,甘草 0.9 千克,水 70 千克。以上配料微火炖 4 小时,去渣得香料水 65 千克备用。

b. 汤汁配方:香料水 10 千克,砂糖 1.5 千克,酱油 1.0 千克,味精 0.02 千克,以上配料溶解过滤,总量调至 12.52 千克备用。

c. 调味:将油炸后的鱼于 65℃～75℃的汤汁中浸 40～60

秒钟即可。

(6)装罐:先装入鱼块,再装豆豉和精制油。其比例为鱼:豆豉:油＝135:40:52。

(7)排气杀菌:采用热排气,罐中心温度为80℃以上。采用真空度为34～39千帕的真空封罐。

(8)杀菌、冷却:杀菌公式为 $10' - 60' - 15'/115℃$。杀菌后,冷却至室温。

3. 主要质量指标(优级品)

(1)感官指标:鱼呈茶褐色,油色正常,无异常,组织较紧密,油炸适度。整齐装,鱼体排列整齐,允许添加小块1块,无杂质。

(2)理化指标:鱼加豆豉不低于净重75%,其中鱼不低于净重的60%。食盐2.5%～4.5%,锡≤200毫克/千克,铜≤10毫克/千克,铅≤1.0毫克/千克,汞≤0.5毫克/千克,砷≤1.0毫克/千克。

(3)微生物指标:符合罐头食品商业无菌要求。

4. 主要设备

同"油炸五香鱼"。

四、茄汁鲢鱼加工

1. 工艺流程

原料→原料处理→油炸→茄汁配制→装罐→排气密封→杀菌冷却→成品。

2. 操作要点

(1)选料:选用新鲜鲢子鱼。

(2)原料处理:清洗去鳞、去头和内脏,洗尽血液和黑膜,切成 5 厘米长的鱼段,在 6% 的盐水中盐渍 10 分钟左右(盐水:鱼 = 1.5:1),浸后沥干鱼块,每 30 千克鱼拌标准粉 350 克。

(3)油炸:135℃ ~ 205℃ 油炸 2 分钟,炸至鱼体表面呈金黄色即可。鱼段脱水率为 15% ~ 17% 。

(4)茄汁配制:

a. 茄汁配方:番茄浆 66 千克(12 白利糖度),洋葱油 16.5 千克,白胡椒粉 0.05 千克,冰醋酸 0.25 千克,香料调味液 17.3 千克。

b. 香料水配制:月桂叶 0.02 千克,胡椒 0.02 千克,洋葱 2.5 千克,丁香 0.04 千克,元荽子 0.02 千克,水 12 千克,总量 12.5 千克。

配制:按规定配料量,将香料同水一起在锅内煮沸,并保持微沸 30 ~ 60 分钟,用开水调整到千克规定总量,过滤备用。胡椒、月桂叶、丁香、元荽子,可重复用 1 次。煮 1 次后,其渣可代替半量供下次使用。香料水每次配量不宜过多,随配随用,防止积压及与铁制之器具接触。

c. 香料调味液:配方为白砂糖 5 千克,精盐 3.3 千克,香料水 9 千克。

熬制:将香料水加热煮沸后加入白砂糖、食盐溶解过滤调至 173 千克。

d. 洋葱油熟制:精炼花生油 100 千克,加热放入洋葱末 25 千克熬至呈褐黄色,过滤备用。

e. 茄汁配制:番茄浆 66 千克中加入洋葱油 16.5 千克,边搅边烧开,再加入香料调味液 17.3 千克,搅匀煮沸。然后放白胡椒粉 0.05 千克,边放边搅,以免结块。装罐前加入冰醋酸 0.25 千克,调整总量为 100 千克。

(5)装罐:使用全涂料、净重 256 克铁罐,每罐先加番茄汁 65～70 克,鱼段 195 克。

(6)排气密封:热力排气,温度为 75℃,排气 12 分钟,或真空封罐,真空度为 350～400 毫米汞柱。

(7)杀菌冷却:杀菌公式为 10′－60′－15′/118℃。杀菌后,反压冷却至 40℃左右。

3. 主要质量指标

(1)感官指标:茄汁橙红色,味酸,具有茄汁风味和香气。鱼皮色泽较鲜明,肉质软硬适度,部位搭配适宜。允许有添称小鱼肉 1 块。

(2)理化指标:食盐 1.2%～2.2%,锡≤200 毫克/千克,铜≤10 毫克/千克,铅≤1.0 毫克/千克,砷≤1.0 毫克/千克,汞≤0.5 毫克/千克。

4. 主要设备

同"油炸五香鱼"。

五、冷冻鲢鱼鱼糜加工

1. 工艺流程

选料→原料处理→采肉→漂洗→脱水→精滤→擂溃→包装→冻结→冷藏。

2. 操作要点

(1)选料:选用新鲜鲢鱼。个体越重,出品率越高。

（2）原料处理:先用低于 10℃清水洗净鱼体表面的黏液、污物,然后采用三片剖开式剖割、去鳞、去头、去净内脏及除去腹腔内的黑膜。要求整个过程尽量低温快速。

（3）采肉:选用孔径为 3～6 毫米的采肉机采肉。对于用于油炸制品的可采用多次采肉。用于生产人造蟹肉的只能采肉 1 次。

（4）漂洗:清水漂洗。水量为鱼肉重的 5 倍左右,水质要求为低钙、低镁、低铜、低铁及 pH 值为 6.8 左右的软水。水温 3～10℃。用搅拌机慢速搅 8～10 分钟。然后静置 10 分钟,使鱼肉沉淀,倾去表面漂洗液,再如此重复一遍。最后一次用 0.1%～0.3% 的食盐水漂洗,有利于下一步脱水。

（5）脱水:将漂洗好的鱼肉装入尼龙筛绢袋内（120 目/平方厘米）,放入离心机内脱水或螺旋式脱水机内脱水至客户要求（一般为 80% 左右）。

（6）精滤:用网孔直径约为 1.8 毫米的精滤机除去细刺、鱼鳞、皮筋等。但要求给精滤机装上一层夹层,保持鱼肉温度在 10℃以下。

（7）擂溃:为增加成品弹性,混匀所加辅料,需在带有冷却夹层的擂溃机里擂溃,使鱼肉温度控制在 10℃以下。并按空擂（不加任何辅料）10～15 分钟、盐擂（加入 2.5% 的食盐）10 分钟,本擂（加入白糖 3%,山梨醇 2%,三聚磷酸钠 0.15%,焦磷酸钠 0.15%）5 分钟等三个过程依次进行。

（8）包装:按客户及成品要求包装。

（9）冻结:采用平板冻结机,冻结温度为 -35℃,时间 3～4 小时,使肉糜的中心温度快速降到 -20℃。

（10）冷藏:经冻结好的鱼糜于 –25℃以下保存。并要求冷库温度稳定、少波动。

3. 主要质量指标

（1）感官指标:色白、无或很少有黑点和鱼刺,水煮熟后弹性好,一定的凝胶强度。

（2）理化指标:水分≤80%,白度≥70,凝胶强度≥410 克厘米,脂肪≤1%,基本无黑点和骨刺。

4. 主要设备

采肉机、搅拌漂洗机、脱水机、擂溃机、精滤机、低温冷库、制冰机、灌装机等。

六、水发鱼丸加工

1. 工艺流程

选料→原料处理→采肉→漂洗→脱水→绞肉→擂溃→成型→加热水煮→冻结→冻藏。

2. 操作要点

（1）选料至绞肉:工序同"冷冻鲢鱼鱼糜"。也可直接采用冷冻鱼糜解冻后生产鱼圆。原料不限于鲢鱼,其他鱼类都可以。

（2）擂溃:方法同"冷冻鲢鱼鱼糜"。其配料如下:鱼肉 20 千克,黄酒 2 千克,精盐 0.6 ~ 0.8 千克,味精 0.08 千克,白砂糖 0.3 ~ 0.5 千克,淀粉 3 ~ 5 千克,姜汁适量,品质致改良剂适量,水适量。

（3）成型:用成丸机成丸,放入盛有冷水的盆中,使其收缩定型。

（4）水煮:先将水煮开,然后将鱼丸捞入锅中,煮至鱼丸全部浮起时即可出锅。充分冷却后定量包装。

（5）冻结:冻结温度 –23℃以下,待鱼丸中心温度达 –15℃以下时出库。

（6）冷藏: –18℃低温冷库贮存。

3. 主要质量指标

（1）感官指标:色泽洁白,表面光滑,富有弹性,圆正,大小均匀,咸淡适宜,不破裂,腥味不重。

（2）理化指标:食盐≤3%,白度≥50。

4. 主要设备

采肉机、搅拌机、脱水机、擂溃机、成丸机、包装封口机、冻结库、冷藏库等。

第五章 方便小食品

一、香辣萝卜条

1. 工艺流程

咸萝卜条坯→漂洗→压榨→加辅料拌匀→浸渍→包装→杀菌→检验→成品。

2. 操作要点

(1)咸萝卜条坯:选用新鲜无空心的白萝卜,洗净,放在太阳下晾晒半天,然后入缸腌制,一层萝卜一层盐,用盐时上层多于下层。另外,留下总量10%的盐做翻缸用。第二天翻缸一次,以后每隔2~3天翻缸一次,共翻三次。翻缸时分别加入留下的盐。翻缸的目的是为了使盐分上下均匀,腌制20天即成。一般每5千克的白萝卜用盐1千克。

(2)漂洗:将咸萝卜条坯放在清水中漂洗,以除去过高的盐分与苦辣等不良味道。

(3)压榨:将漂洗好的萝卜条放进榨箱压榨1小时左右,压到占榨箱50%~55%的程度出榨,使萝卜条含水量≤40%。

(4)制辅料:将红糖和酱油一同入锅熬化,然后冷却。将一半辣椒粉用油炸好后晾凉。注意控制火候,不可炸焦。芝麻炒熟,再把另一半辣椒粉与上述辅料及其他调味料一同倒入同一容器中拌匀即可。

(5)拌料:将压榨好的萝卜条投入到配好的辅料中拌匀。然后装缸,每天倒缸一次,2 天即成。

(6)包装、杀菌:根据规格分袋后,将袋口杂物擦净以免影响真空封口质量。然后根据包装材料及内容物多少调节真空度及热封口的温度和时间。真空封口,杀菌,杀菌公式为 5～10 分钟/95℃,即 95℃下杀菌 5～10 分钟,杀菌后立即冷却到室温。

(7)检验:检验有无破损、漏袋现象,微生物指标是否合格,入库。一般保质期为 3 个月左右。

(8)参考配方:咸萝卜条坯 50 千克,酱油 25 千克,红糖 1 千克,芝麻 500 克,辣椒粉 250 克,豆油 250 克,姜丝 300 克,味精 50 克,香精 25 克,白砂糖少许。

3.主要质量指标

理化指标:食盐含量 4%～7%。

4.主要设备

压榨机、真空封口机、杀菌锅等。

二、蒜香酱洋姜

1.工艺流程

大蒜籽→分瓣→盐水浸泡→漂洗→晾制→酱油浸→蒜香酱油

　　　　　　　　　　　　　　　　　　　　　　　↓

鲜洋姜→洗净→晾晒→去尾→清洗→杀菌→冷却→浸泡→封存→包装→杀菌→检验→成品。

2. 操作要点

（1）盐水浸泡：选取完整无霉烂的大蒜头，剥去外皮，分瓣，用 10%～15% 食盐水浸泡半个月左右，以除去辛辣味。

（2）晒制：将漂洗过的大蒜籽摊于篾盘中，晾至五成干，然后撒上纯胡椒粉拌匀，搁置 1 天 1 夜，使胡椒粉与大蒜籽充分作用，以除臭味。

（3）酱油浸泡：将脱臭后的大蒜籽放入优质酱油中，浸泡，封存半个月，即得蒜香酱油，待用。

（4）晾晒：挑选个头匀称、无破损的嫩洋姜，清洗干净、沥干水分后，摊盘置于通风处，晾晒数日（应避免强烈阳光曝晒），使之自然糖化。一般晒至六七成干即可。

（5）杀菌：用蒸汽或沸水将整理后的洋姜进行瞬时杀菌，迅速冷却至室温。

（6）浸泡：将冷却好的洋姜倒入蒜香酱油中，封坛浸泡，半个月后，即为成品。

（7）包装、杀菌：真空包装封口，杀菌，杀菌公式为 5～10 分钟/95℃，杀菌后迅速冷却到室温，抽检，入库。

3. 主要质量指标

感观指标：本品表皮呈酱黄色，内层肉质呈半透明较淡的酱黄色。

理化指标：食盐含量 4%～7%。

4. 主要设备

杀菌锅、真空封口机等。

三、调 味 海 带

1. 工艺流程

原料→清洗→醋浸→中和→水煮→晾晒→调料浸渍→晾干→烘干→包装→检验→成品。

2. 操作要点

(1)原料处理:将海带洗净泥沙,去掉黄色边梢,切分整形。

(2)醋浸:将切分整形好的海带浸入20%醋酸溶液中10分钟,清洗,然后用小苏打(碳酸氢钠)中和。再用清水漂洗干净,沥干水分。

(3)晾干:海带用水煮熟后,捞出,放在竹帘上晾晒或烘至六七成干。

(4)浸渍:将海带浸入到调料液中,浸渍约12小时,至调味液正好被海带吸收完为止。调味液可根据需要配制成不同的风味。

(5)烘干:将浸好的海带捞起晾晒至六七成干,然后送至远红外烤炉中烘干。产品含水量在4%以下即可。冷却、包装、抽检、入库。

3. 主要质量指标

理化指标:水分≤4%,食盐含量为0.8%~1.5%。

4. 主要设备

远红外烤炉、真空封口机等。

四、猪肉松

1. 工艺流程

原料处理→切分→煮制→炒压→炒干→包装→检验→成品。

2.操作要点

(1)原料处理:挑选新鲜瘦肉,去骨、皮、脂肪、筋及结缔组织等。然后将瘦肉顺其纤维纹路切成肉条后再切成约3厘米长的条状。

(2)煮制:把切好的肉条放入锅中,加入与原料等重的水,放入配料,用大火煮沸,不断撇出肉汤上的泡沫,煮到用筷子稍加压力,肉纤维能散开为止。煮制过程中,水煮干而肉尚未烂时,可酌情加些热水。

(3)炒压:将起锅后的肉块放入另一锅内,用中火炒压,边炒边用锅铲压散肉块,并不断翻炒,以防糊底。

(4)炒干:水分炒干后,改用小火连续翻炒。操作要轻而均匀,至肉块全部松散为止,并由灰棕色变为灰黄色,即成肉松。

(5)包装:肉松易吸潮。真空封口,抽检。

(6)参考配方:瘦肉50千克,酱油22千克,白砂糖1.5千克,黄酒2千克,茴香0.06千克,生姜0.5千克。

3.主要质量指标

(1)感观指标:本产品呈金黄色或淡黄色,带有光泽,絮状,纤维疏松。

(2)理化指标:水分≤20%。

(3)微生物指标:细菌总数≤30000个/克,大肠菌群≤40个/100克,致病菌不得检出。

4.主要设备

夹层锅、炒压机、真空封口机等。

五、多味小鲫鱼干

1. 工艺流程

原料处理→盐渍→浸腌→沥干→烘烤→包装→检验→成品。

2. 操作要点

(1)原料处理:用冰冻小鲫鱼为原料,自然解冻或淋水解冻,经常翻动及时剔除变质鱼。解冻后,用刀轻轻刮除鱼鳞,然后剖腹清除内脏、去除鱼鳃,用清水冲洗干净。

(2)盐渍:将处理完的小鲫鱼放入4%的盐水中腌渍20分钟,鱼与盐水比例为1:2,腌后捞出,用清水冲洗一遍,沥干、待用。

(3)制调料液:首先将桂皮、八角、生姜、月桂叶、花椒、辣椒和陈皮等用纱布包好,扎紧袋口,入水加热煮沸,稍加熬制,最后加黄酒、味精,过滤备用。

(4)浸腌:将沥干水分的小鲫鱼放入60℃~80℃的调料液中浸腌数小时。

(5)烘烤:把浸腌好的小鲫鱼捞出沥干,送到烘烤炉中烘烤,烘烤温度为60℃~80℃,烘至干燥不黏手为止,然后冷却装袋,真空封口、抽检。

(6)调味料参考配方:白砂糖6千克,黄酒5千克,盐8千克,桂皮0.5千克,八角茴香0.3千克,生姜1千克,月桂叶0.1千克,花椒0.2千克,陈皮0.1千克,味精0.2千克,干辣椒0.05千克,水100千克。

3. 主要质量指标

(1)感观指标:本产品呈褐黄色,鱼体完整,酥脆醇香。

(2)理化指标:食盐含量为1.0%~2.0%。

(3)微生物指标:细菌总数≤$3×10^4$个/克,大肠菌群≤30个/100克,致病菌不得检出。

4.主要设备

红外线烤炉、真空封口机、加湿机等。

六、五香辣牛肉干

1.工艺流程

选料→原料处理→切片→初煮→加辅料复煮→拌料→烘干→包装→检验→成品。

2.操作要点

(1)选料:以黄牛肉最好。取新鲜牛肉,尤以前、后腿的瘦肉为上等,除去脂肪、筋膜及碎骨,洗净沥干,切成6厘米×3厘米的肉片,厚度可依肉形而定。较厚的肉在预煮后重切。

(2)初煮:将肉片放进锅中,清水煮30分钟。待水沸腾时,撇去肉汤上的浮沫,捞出肉片或肉块。肉汤留下制调味液。

(3)加辅料复煮:取部分肉汤加入辅料,将初煮的肉片放入锅内熬煮。大火煮开后(味精和黄酒最后加入),改用小火。同时不断搅拌,在汤汁快干时,取出肉片。

(4)拌料:复煮后的肉片稍加沥干后,投入调味料翻动一遍。

(5)烘干:将拌过料的肉片置于烘烤炉中烘干,在50℃~60℃下经常翻动,以免烤焦。烘烤时间依肉片的厚薄而定,一般约7小时。

（6）包装：将烘好的肉干在无菌室内冷却,装入包装袋内,真空封口,抽检,入库。

（7）调味料参考配方（以牛肉坯100千克计）：

a. 复煮配料：白砂糖10千克,酱油1千克,盐2千克,黄酒2千克,甘草粉0.4千克,辣椒粉0.2千克,味精、生姜、蒜、葱各0.15千克。

b. 拌料配方：精盐30%,五香粉25%,辣椒25%,胡椒粉15%,味精5%,充分混合。

3. 主要质量指标

（1）理化指标：水分≤20%。

（2）微生物指标：细菌总数≤10000个/克,大肠菌群≤30个/100克,致病菌不得检出。

4. 主要设备

红外线烘烤设备、调料缸、真空封口机、夹层锅等。

七、膨化大米食品

1. 工艺流程

大米→粉碎→过筛→加湿→挤压膨化→焙烤→附味→干燥→冷却→包装成品。

2. 操作要点

（1）粉碎：将大米中的杂质清除干净,粉碎过20目筛。

（2）加湿：一般大米含水量应控制在12%～14%之间,如含水量太低,应利用加湿机加适量的水,并搅拌均匀。

（3）挤压膨化：将米粉由进料口进入膨化机腔内,膨化机螺杆转速为 70 转/分钟,挤压温度为 140℃～180℃。原料由螺旋杆强制推进,再从预定的喷嘴喷出,突然降至常压,物料内部便形成了海绵状空心网状结构,然后机器前部的回切刀将膨化出的半成品切成适当的长度。

(4)焙烤:将挤压膨化后的半成品放进远红外烘烤设备中烘 2～3 分钟,温度为 120℃ 左右,使其水分含量降到3%～4%。

(5)附味:可根据不同需求将各种调料混合均匀,通过连续加味机添加附味。

(6)干燥:附味后的产品需用电热鼓风干燥箱进行干燥,一般温度控制在 70℃～80℃,时间 8～20 分钟,冷却后,充氮包装。

3. 主要质量指标

理化指标:水分≤7%,筛下物≤5%。

4. 主要设备

膨化机、加味机、鼓风干燥机、远红外烘烤设备等。

八、豆渣小食品(脆果)

1. 工艺流程

和料→静置→成型→油炸→脱油→冷却→包装→成品

2. 操作要点

(1)和料:先将经粉碎的白砂糖放进豆渣里,并加进适量的淀粉和精盐,和匀,搁置一段时间待糖溶化,再加入面粉和果酱,并揉搓和熟。

(2)静置:将和好的料静置 1～3 小时。

(3)成型:将上述混合料擀成薄片,切成三角形或菱形。

(4)油炸:把油烧至八成熟,下料,炸至棕色即刻捞出,离心脱油,然后充氮包装。

3. 主要质量指标

(1)理化指标:酸价(以脂肪计)≤2,过氧化值(以脂肪计)≤0.25。

(2)微生物指标:细菌总数≤1000 个/克,大肠菌群≤30 个/100 克,致病菌不得检出。

4. 主要设备

搅拌机、油炸设备、真空封口机等。

九、橘　　饼

1. 工艺流程

原料→清洗→划缝→去籽→硬化→脱灰→热烫→糖制→烘干→包装→成品。

2. 操作要点

(1)原料:选橘红色、成熟度达九成的果实为原料,清洗干净。

(2)划缝:在果实上纵划 6 条等距边缝,深达果实的 1/3,但要串通到果实的蒂、柄处。把果实压扁成饼形,去掉籽,收集果汁。也可用沸水将果实烫软后再压,以免橘饼压裂,影响成型。

(3)硬化:在水中加 0.3%～0.5% 石灰水搅匀,取上层清液,将已整形的橘饼投入其中并浸泡12小时。期间要翻动数次,以促进钙的吸收,达到硬化的目的。

(4)脱灰:捞出橘饼漂洗8小时,沥干。

(5)热烫:配1%的食盐水加0.1%明矾煮沸,将橘饼投入,煮沸10分钟后,立即冷却,并继续浸泡24小时,沥干。

(6)糖制:先配20白利糖度的糖水,将果实腌24小时,将糖水回锅,调糖到40白利糖度,将果实倒入糖液中煮沸10分钟,再入缸浸24小时,捞出果实,再将糖水回锅,调糖到60白利糖度,把果实再倒入锅中煮沸,然后使之微开煮约1个小时,糖浆浓度达75白利糖度,而且橘果已现透明,沥去糖液后烘干。

(7)烘干:在60℃温度下进行烘干,烘到不粘手为止。手工整形,包装,真空封口,抽检。

3.主要质量指标

(1)感观指标:本产品呈橘红色或橙黄色的扁圆体。

(2)理化指标:水分≤20%,总糖<85%(以转化糖计)。

(3)微生物指标:细菌总数(销售)≤1000个/克,大肠菌群≤30个/100克,霉菌≤50个/克,致病菌不得检出。

4.主要设备

夹层锅、烘干设备等。

十、玫瑰梅

1.工艺流程

原料→切半→腌渍→晒干→清洗→糖渍→晒制→包装。

2. 操作要点

(1)选料:九成熟梅子,无病虫、无烂果。

(2)切半:沿梅缝合线对半劈开。

(3)腌渍:洁净缸内配 70 千克清水,20 千克食盐,100 克石灰搅拌溶盐,倒入 100 千克劈开的梅果浸 1 小时。

(4)晒干:将浸好的梅果捞出,沥水后在阳光下曝晒至干燥起盐霜为止。

(5)漂洗:将曝晒后的咸梅坯放入清水中漂洗使梅坯分散,洗去表面的泥沙杂质及大部分盐分,捞起,沥水,糖渍。

(6)糖渍:底部先撒上糖,将梅坯以一层糖一层坯层层放置,糖渍 3 天起缸。

(7)晒制:将糖渍的梅坯放在竹匾上,撒上 20 千克白砂糖,边晒边翻至糖浆被梅吃透呈牵丝状时,用绵白糖拌匀,干燥后得成品,包装。

(8)参考配方:梅子 100 千克,白砂糖 70 千克,绵白糖 25千克,食盐 20 千克,石灰 100 克。

3. 主要质量指标

理化指标:水分 22% ~30%,总糖(以转化糖计)52% ~63%,盐分(以氯化钠计)≤4%。

4. 主要设备

切半机,夹层锅等。

十一、九 制 陈 皮

1. 工艺流程

原料→制坯→加料浸渍→干燥→加甘草粉→包装→

成品。

2. 操作要点

(1)制坯:选用新鲜黄色甜橙皮,制皮时刨取果皮最外层(橘黄色)作为原料。以每 100 千克橙皮加放 50 千克梅卤(盐梅子的卤水),0.5 千克明矾,一起放入缸内浸渍,48 小时后,捞出再在沸水中漂烫 2 分钟后立即漂洗冷却,沥干水分,再加盐 50% 和梅卤 30%(按物料重量比),盐渍 20 分钟。然后捞出干燥即成橙皮坯。

(2)脱盐:用净水浸泡 1～2 天后咸味降低,并每 4～5 小时换水一次。

(3)三次加料、干燥:将脱盐的橙皮坯放入缸中,将煮沸的甘草汁倒入,加盖,焖渍 2 小时后,取出,送入烘房干燥。待干燥后,再次加入原汁焖渍,干燥,连续 3 次,最后一次加料干燥后取出,加 10% 的甘草粉,拌匀即可。

(4)甘草汁的制备:以 100 千克橙皮为例,用 6 千克甘草加水 30 千克煮成 25 千克的甘草水再加 30 千克白砂糖和少量蛋白糖制成原汁备用。

3. 主要质量指标

理化指标:水分≤35%,总糖(以转化糖计)≥6%,盐分(以氯化钠计)≤30%。

4. 主要设备

夹层锅、烘房等。

十二、糖姜片

1. 工艺流程

原料→去皮→清洗→磨浆→调配→摊片→烘干→切片→烘干→包装→入库。

2. 操作要点

(1)原料:选取新鲜、无虫蛀、无发芽、无腐烂的姜块。以纤维尚未硬化变老、但又有生姜辛辣味的嫩姜为佳。

(2)磨浆:将已去皮洗净沥干水的姜块加适量的水入磨浆机中磨浆。

(3)调配:将姜浆倒入搅拌机中,加入白砂糖和食用胶,搅拌均匀。

(4)摊片:将玻璃板洗净擦干,涂上一层食用油,套上模具,倒入适量的上述姜浆,用刮板刮平,送烘房烘干,烘房温度为70℃~75℃烘制,时间为7小时左右。烘干后用刀刮开四边,起片,片厚为1.5~2毫米。

(5)切片:起片后将8~10张码在一起,切成4厘米×4厘米小块,再送到烘房里烘2~3小时,温度时间如前述。

(6)包装:真空包装,抽检。

3. 主要质量指标

(1)理化指标:总糖:58%~63%,水分≤10%。

(2)微生物指标:大肠菌群≤30个/100克,细菌总数≤700个/克。致病菌不得检出。

4. 主要设备

磨浆机、搅拌机、烘房等。

十三、猕猴桃果丹皮

1. 工艺流程

原料→清洗→磨浆→搅拌→调配→装盘→烘干→切片、搓卷→包装→成品。

2. 操作要点

(1)原料:选用果实新鲜成熟的猕猴桃果,用清水清洗表面,除去泥沙污物。

(2)磨浆:用磨浆机磨浆前,先进行预煮,使果实软化,稍加破碎即可磨浆。经孔径为0.1厘米的筛网进行过滤,除去皮渣和籽粒。

(3)调配:按果泥重的30%加入白砂糖,同时每千克果泥中再加入500毫克焦亚硫酸钾进行护色(以二氧化硫计算)。

(4)装盘:将上述果泥倾入用塑料薄膜衬垫的浅盘中,每平方米加果泥5千克,刮成厚度为0.3~0.5厘米的薄片,烘干。

(5)烘干:用远红外烘干设备烘干。烘干温度为45℃,当含水量约为12%时,将果丹皮趁热揭起,放入烤盘中烘干表面水分即可。

(6)切片、搓卷:切片时表面撒上麦芽糊精细粉,然后切片、搓卷、包装,真空封口。

3. 主要质量指标

(1)感观指标:本产品色泽为金黄色。

(2)理化指标:水分12%~20%,总糖量≥60%。

（3）微生物指标：细菌总数（销售）≤1000 个/克，大肠菌群≤30 个/100 克，霉菌≤50 个/克，致病菌不得检出。

4. 主要设备

磨浆机、远红外烘干设备、夹层锅等。

十四、香酥红薯片

1. 工艺流程

原料→去皮、切片→漂洗→晒干→真空油炸→离心脱油→附味→充氮包装→成品。

2. 操作要点

（1）原料：选新鲜、无霉烂变质的红薯。

（2）漂洗：用切片机切成 2 厘米厚的薄片，置于清水中浸泡 10 分钟，去除碎屑和淀粉，防止薯片在空气中氧化褐变。

（3）油炸：将晒干的薯片置于真空油炸设备中油炸。条件：80℃～100℃，真空度为 0.04～0.07 兆帕。

（4）离心脱油：离心脱油温度为 90℃～100℃，以降低含油量，使产品的色泽更加鲜亮，利于产品的保存。离心脱油一般可降低 45% 的含油量。

（5）附味：可根据不同的嗜好附味。

（6）充氮包装：真空充氮包装，抽检。

3. 主要质量指标

（1）理化指标：水分含量≤4%。酸价（以脂肪计）≤2,过氧化值≤0.25。

（2）微生物指标：细菌总数≤1000 个/克，大肠菌群≤30

个/100 克,致病菌不得检出。

4. 主要设备

真空油炸设备、离心机、切片机、真空包装机等。

十五、菱角酱

1. 工艺流程

原料→清洗→浸泡→预煮→洗沙→去皮→脱水→压榨→浓缩→加饴糖、桂花→装罐→封口→杀菌→冷却→抽检→入库。

2. 操作要点

(1)原料:去壳的菱角,挑去虫蛀、霉烂果和其他杂质。

(2)浸泡:在水池内浸泡。菱角:水 = 1:1.5。浸泡 8 小时左右,随天气情况灵活掌握。常换水,以免菱角发酵。

(3)预煮:预煮时,菱角:水 = 1:1.5。煮沸后保持微沸至菱角开裂,完全软烂为止。煮时要不断翻动,以免糊锅,影响菱酱的风味。

(4)打浆:煮烂后的菱角用打浆机打浆。筛孔直径为1～1.2毫米。

(5)洗沙:将上述菱角浆用细筛洗沙,去菱角皮;也可用竹箩洗沙。注意水量要适中。

(6)脱水压榨:将沙水混合物倒入细布袋内,挤出袋内水分,当菱角沙的含水量在 55% ～65% 时,即可浓缩。

(7)浓缩:俗称炒沙。先在夹层锅内倒入糖水,加入菱角沙,不断搅拌,当固形物达到 60% 时加入饴糖和桂花,固形物达到65%时出锅。

(8)装罐:刚出锅的菱角浆趁热(90℃左右)装罐。

(9)封口:真空度控制在13.33~19.99千帕封口,封口后要逐一检查。

(10)杀菌冷却:封口后要及时杀菌,间隔不得超过1小时。杀菌公式为:10~30分钟/108℃,反压冷却。杀菌结束后,迅速冷却到37℃以下,擦罐。

(11)参考配方:菱角100千克,白砂糖60千克,饴糖1千克,桂花1千克。

3.主要质量指标

(1)感观指标:本产品呈淡紫色或淡酱色酱体。

(2)理化指标:可溶性固形物(按折光计)≥65%,总糖量(以还原糖计)≥57%。

(3)微生物指标:微生物指标应符合罐头食品商业无菌要求。

4.主要设备

夹层锅、打浆机、封罐机、卧式杀菌锅等。

十六、绿豆糕

1.工艺流程

原辅料→和粉→制坯→蒸糕→冷却→包装→成品。

2.操作要点

(1)和粉:取糖粉2650克加水275克,充分拌匀后,加入面粉、绿豆粉和一半香油,继续搅拌均匀,使糕粉干湿软硬适度,呈松散状。然后将糕粉放入盆内静置30分钟。

(2)制坯:绿豆糕的坯模一般由硬木制成。在坯模内撒些干玫瑰花屑,将过筛后的糕粉填入坯模中,以填入1/3为度。将豆沙掐成小块放在糕粉上面,上下四周再用糕粉填平,揿实,最后在坯模上面撒一层糕粉,用木条刮平后,将坯模倒扣在垫有光纸的蒸板上,并用木棒轻敲坯模底部脱模,即为糕坯。

(3)蒸糕:将糕坯连同蒸板一起放入蒸汽柜中蒸15分钟,待糕体发松不黏手时即可。要掌握好时间,蒸久了,会使糕面糊化,糕坯松散失去外形;汽不足或时间短则使糕坯下部变硬。

(4)冷却:待绿豆糕冷却后,将剩余的另一半香油逐块涂刷在糕体表面,即为绿豆糕。拿取时,动作要轻,否则,成品易松散。

(5)参考配方:绿豆粉2750克,绵白糖2650克,香油2000克,豆沙675克,面粉35克,干玫瑰适量。

3.主要质量指标

(1)感观指标:色泽为浅绿色,组织不实不散,潮润绵软。

(2)理化指标:水分为11.5%~15%,总糖为≥37.5%。

4.主要设备

蒸汽柜、搅拌机等。

十七、玉米片

1.工艺流程

原料→浸泡→漂洗→蒸煮→冷却→压片→烘烤→包装→

成品。

2. 操作要点

(1)原料:可直接用玉米渣。玉米渣要脱皮去胚,并经清理筛选。批量生产时要选用粒形整齐的玉米渣进行加工。

(2)浸泡:将玉米渣在沸水中浸泡1~2小时。浸泡后玉米渣的水分含量应控制在40%以内。

(3)蒸煮:浸泡后的玉米渣用清水漂洗3~5次,然后入高压蒸煮1小时左右,自然降压,冷却到常温,玉米渣应互不粘连,呈松散状。这种状态的玉米渣压片后形状整齐,不粘辊子。

(4)压片:冷却后的玉米渣直接在压片机上压片,入机前水分应控制在35%~38%之间,压片时距离为0.3~0.5毫米。

(5)烘烤:将压好的玉米片放在200℃左右的温度下烘干,一般为20分钟左右,烘烤时间视玉米片厚度而定。成品真空包装,抽检,入库。若制甜味玉米片,加糖量一般为2%~5%;若制咸味的,加盐量为1%~2%。

3. 主要质量指标

理化指标:水分≤7%。

4. 主要设备

压片机、烘干设备、真空封口机、蒸煮设备等。

十八、黑 芝 麻 糊

1. 工艺流程

大米→膨化

↓

黑芝麻、核桃仁、花生仁→烘烤→混合粉碎→搅拌→过筛→包装
→成品。　　　　　　　　　　　　　　↑

糖粉

2.操作要点

(1)烘烤:黑芝麻、核桃仁、花生仁分别放入烤箱中在
150℃下烘烤约30分钟左右。要切实掌握火候,过熟过生都会
影响产品口感。花生仁烤熟后,要去掉红衣;核桃仁在烘烤前
要在沸水中焯一下以去其涩味。

(2)大米膨化:将大米放到膨化机中膨化。在150℃上瞬
间膨化并切成2厘米长的圆柱。

(3)过筛:将物料混合粉碎后加入糖粉,混匀,过80目筛。

(4)包装:包装前应将包装室用紫外线灭菌40分钟,然后
进行包装。

(5)参考配方:黑芝麻15千克,核桃仁2.5千克,花生仁
2.5千克,白砂糖50千克、大米50千克。

3.主要质量指标

(1)感观指标:色泽为烟灰色粉末,组织状态为粉末状,有
芝麻特有的香味。

(2)理化指标:蛋白质≥50克/100克,脂肪≥2克/100
克,铁≥4毫克/100克,钙≥40毫克/100克,磷≥100毫克/
100克。

微生物指标:大肠菌群≤30个/100克,无致病菌。

4.主要设备

谷物膨化机、粉碎机、粉料混合设备等。